RECEPTE VERITABLE, PAR LAQVELLE TOVS LES HOMMES DE LA FRANCE POVRRONT APPRENDRE A MVLTIPLIER ET AVGMENTER LEVRS THRESORS.

Item, ceux qui n'ont iamais eu cognoissance des lettres, pourront apprendre vne Philosophie necessaire à tous les habitans de la terre.

Item, en ce liure est contenu le dessein d'vn iardin autant delectable & d'vtile inuention, qu'il en fut onques veu.

Item, le dessein & ordonnance d'vne Ville de forteresse, la plus imprenable qu'homme ouyt iamais parler, composé par Maistre Bernard Palissy, ouurier de terre, & inuenteur des Rustiques Figulines du Roy, & de Monseigneur le Duc de Montmorancy, Pair & Connestable de France, demeurant en la ville de Xaintes.

A LA ROCHELLE,
De l'Imprimerie de Barthelemy Berton.
M. D. LXIII.

F.B. A M. Bernard Palissy, son singulier & parfait ami, Salut.

Si le malin vulgaire, ami Bernard,
Mesdit souuent de ce qui est louable,
Craindras-tu point, veu mesme ton propre art,
Luy diuulguer ce liure profitable?
Non, si me crois: car il m'est agreable,
Quoy que voudroyent enuieux mal parler:
Les ignorans, de l'art tant admirable,
Par ton moyen y pourront profiter.

Au Lecteur, Salut.

En petit corps, gist souuent grand puissance,
Ce qu'entendras, Lecteur, lisant ce liure,
Qui de nouueau est mis en euidence,
Pour d'aucuns sots, l'erreur ne faire viure:
Car il demonstre à l'œil, ce qu'il faut suiure,
Ou reietter, en ses dits admirables:
En recitant maints propos veritables,
Tend à ce but, qu'art imitant nature,
Peut accomplir, que maints estiment fables,
Gens sans raison, & d'inique censure.

A MON

A MONSEIGNEVR LE MARESCHAL DE MONTMORANCY, CHEVALIER DE L'ORDRE DV ROY, CAPITAINE DE cinquante Lances, Gouuerneur de Paris, & de l'Isle de France.

*

ONSEIGNEVR, *combien qu'aucuns ne voudroyent iamais ouyr parler des Escritures Sainctes, si est-ce que ie n'ay trouué rien meilleur que de suiure le conseil de Dieu, ses Edits, statuts & ordonnances: & en regardant quel estoit son vouloir, i'ay trouué que par son Testament dernier, il a commandé à ses heritiers, qu'ils eussent à manger le pain au labeur de leurs corps, & qu'ils eussent à multiplier les tales qu'il leur auoit laissez par son Testament. Quoy consideré, ie n'ay voulu cacher en terre les talens qu'il luy a pleu me distribuer: ains pour les faire profiter & augmenter, suiuant son commandement, ie les ay voulu exhiber à vn chacun, & singulierement à vostre Seigneurie, sachant bien que par vous ne seront mesprisez, combien qu'ils soyent prouenus d'vne bien pauure thesorerie, estant portee par vne personne fort abiecte & de basse condition. Ce neantmoins, puis qu'il a pleu à Monseigneur le Connestable vostre pere, me faire l'honneur de m'employer à son seruice, à l'edification d'vne admirable Grotte rustique de nouuelle inuention, ie n'ay craint à vous adresser partie des talens que i'ay receus de celuy qui en a en abondance. Monseigneur, les talens que ie vous enuoye, sont en premier lieu plusieurs beaux secrets de nature, & de l'agriculture, lesquels i'ay mis en vn liure, tendant à fin d'inciter tous les hommes de la terre, à les rendre amateurs de vertu, & iuste labeur: & singulierement en l'art d'agriculture, sans lequel nous ne saurions viure. Et parce que ie voy que la terre est cultiuee le plus souuent par gens ignorans, qui ne la font qu'auorter, i'ay mis plusieurs enseignemens en ce liure, qui pour-*

ront estre le moyen qu'il se pourra cueillir plus de quatre millions de boisseaux de grain par chacun an en la Frãce, plus que de coustume, pourueu qu'on vueille suyure mon conseil : ce que i'espere que vos suiets feront, apres auoir receu l'aduertissement que i'ay donné en ce liure. Item, parce que vous estes vn Seigneur puissant & Magnanime, & de bon iugement, i'ay trouué bon vous designer l'ordonnance d'vn iardin autant beau qu'il en fut iamais au monde, horsmis celuy de Paradis terrestre, lequel dessein de iardin, ie m'asseure que trouuerez de bonne inuention.

Item, en ce liure est contenu le dessein & ordonnance d'vne ville de forteresse, telle que iusques yci on n'a point ouy parler de semblable. Il y a audit liure plusieurs autres choses fructueuses, que ie laisseray dire à ceux qui en le lisant les retiendront, & vous en feront le recit. Ie n'ay point mis le pourtrait dudit iardin en ce liure, pour cause que plusieurs sont indignes de le veoir, & singulierement les ennemis de vertu, & de bon engin: aussi que mon indigence & occupation de mon art ne l'a voulu permettre. Ie say qu'aucuns ignorans ennemis de vertu, & calomniateurs, diront que le dessein de ce iardin est vn songe seulement, & le voudront, peut estre, comparer au songe de Polyphile, ou bien voudront dire qu'il seroit de trop grand despence, & qu'on ne pourroit trouuer lieu commode pour l'edification dudit iardin, iouxte le dessein. A ce ie respons, qu'il se trouuera plus de quatre mille maisons nobles en la France, aupres desquelles se trouuerõt plusieurs lieux commodes pour edifier ledit iardin, iouxte la teneur de mon dessein. Et quant à la despence, il y a en France plusieurs iardins, qui ont plus cousté qu'iceluy ne cousteroit. Quand il vous plaira me faire l'honneur de m'employer à cest affaire, ie ne faudray à vous en faire soudain vn pourtrait, & mesmes le mettray en execution, s'il vous venoit à gré de ce faire. Et quant est du dessein & ordonnance de la ville de forteresse, ie say qu'aucuns diront qu'il ne se faut arrester à mon dire, d'autãt que ie n'ay point exercé l'estat militaire, & qu'il est impossible de sauoir faire ces choses, sans auoir veu premierement plusieurs batteries & assaux de villes. A ce ie respons, que l'œuure que i'ay commencee pour Monseigneur le Connestable, rend assez de tesmoignage du don que Dieu m'a donné pour leur clorre la bouche : car s'ils font inquisition, ils trouueront que

telle

telle besongne n'a onques esté veuë. Item, ayant fait plus ample inquisition, ils trouueront que nul homme ne m'a apprins de sauoir faire la besongne susdite. Si donques il a pleu à Dieu de me distribuer de ses dons en l'art de terre, qui voudra nier qu'il ne soit aussi puissant de me donner d'entendre quelque chose en l'art militaire, lequel est plus apprins par nature, ou sens naturel, que non pas par pratique? La fortification d'vne ville consiste principalement en traix, & lignes de Geometrie: & on sait bien, que graces à Dieu, ie ne suis point du tout despourueu de ces choses. I'ay prins la hardiesse vous proposer ces argumens, à fin d'obuier aux detractions qu'aucũs vous pourroyent persuader, en vous disant que la chose est impossible: toutesfois ie me soumets à receuoir honteuse mort, quand ie ne feray apparoir la verité estre telle, toutesfois & quantes qu'il vous plaira m'employer à cest affaire. Si ces choses ne sont escrites à telle dexterité que vostre grandeur le merite, il vous plaira me pardonner: ce que i'espere que ferez, veu que ie ne suis ne Grec, ne Hebrieu, ne Poete, ne Rhetoricien, ains vn simple artisan bien pauurement instruit aux lettres: ce neantmoins, pour ces causes, la chose de soy n'a pas moins de vertu, que si elle estoit tiree d'vn homme plus eloquent. J'aime mieux dire verité en mon langage rustique, que mensonge en vn langage rhetorique. Suyuant quoy, Monseigneur, i'espere que receurez ce petit œuure d'aussi bonne volonté, que ie desire qu'il vous soit agreable. Et en cest endroit, ie prieray le Seigneur Dieu, Monseigneur, vous donner en parfaite santé, bonne & longue vie. De Xaintes.

Vostre tres-affectionné & tres-humble seruiteur,
BERNARD PALISSY.

A MA TRESCHERE ET HONOREE DAME, MADAME LA ROINE MERE.

MADAME, quelque temps apres que par vostre moyen & faueur, à la requeste de Monseigneur le Connestable, ie fus deliuré des mains de mes cruels ennemis, i'entray en vn debat d'esprit, sur le fait de l'ingratitude des hommes: sachant bien que la cause pour laquelle ils me vouloyent liurer à la mort, n'estoit sinon pour leur auoir pourchassé leur bien, voire le plus grand bien qui leur pourroit iamais aduenir. Quoy consideré, i'entray en moy-mesme, pour fouiller les secrets de mon cœur, & entrer en ma conscience, pour sauoir s'il y auoit en moy quelque ingratitude, comme celle de ceux qui m'auoyent liuré au peril de la mort. Lors me vint à souuenir du bien qu'il vous a pleu me faire, quand de vostre grace vous employastes l'authorité du Roy pour ma deliurance. Quoy voyant, ie trouuay que ce seroit en moy vne grande ingratitude, si ie ne recognoissois vn tel bien: ce neantmoins, mon indigence n'a voulu permettre, que ie me transportasse iusques en vostre presence pour vous remercier d'vn tel bien, qui est la moindre recompense que ie pourrois faire. Et combien que Dieu m'aye donné plusieurs inuentiōs, desquelles ie vous pourrois faire seruice, ce neantmoins ie n'ay eu moyen vous le faire entendre, qui m'a causé mettre en recompense de ce, plusieurs secrets en lumiere contenus en ce liure, lesquels tendent à fin de multiplier les biens & vertus de tous les habitans du Royaume. Ma petitesse n'a osé prendre la hardiesse de desdier mon œuure au Roy, sachant bien qu'aucuns voudroyent dire que i'aurois ce fait, tendant à fin d'estre recompensé: quand ainsi seroit, ce ne seroit rien de nouueau. Madame, il ne fut iamais que les bonnes inuentions ne fussent recompensees par les Rois, ce neantmoins, que i'ay esperance que cest œuure sera plus vtile au Roy, que pour nul autre: toutesfois à cause de ma petitesse, ie l'ay desdié à Monseigneur de Montmorancy bon & fidele seruiteur du Roy, lequel i'espere qu'il saura tresbien faire entendre à son souuerain

Prince

Prince & Roy. Il y a des choses escrites en ce liure, qui pourront beaucoup seruir à l'edification de vostre iardin de Chenonceaux: & quand il vous plaira me commander vous y faire seruice, ie ne faudray m'y employer. Et s'il vous venoit à gré de ce faire, ie feray des choses que nul autre n'a fait encores iusques yci. Qui sera l'endroit, Madame, où ie prieray le Seigneur Dieu vous donner en parfaite santé, longue & heureuse vie.

Vostre tres-humble & tres-affectionné seruiteur,
BERNARD PALISSY.

A MONSEIGNEVR LE DVC DE MONTMORANCY, PAIR ET CONNESTABLE DE FRANCE.

*

MOnseigneur, ie croy que ne trouuerez mauuais, de ce que ne vous ay esté remercier, lors qu'il vous pleut employer la Roine mere, pour me tirer hors des mains de mes ennemis mortels & capitaux. Vous sauez que l'occupation de vostre œuure, ensemble mon indigence, ne l'a voulu permettre : ie cuide que n'eussiez trouué bon, que i'eusse laissé vostre œuure, pour vous apporter vn grand merci. Iesus Christ nous a laissé vn conseil escrit en Sainct Matthieu, chapitre 7. par lequel il nous defend de ne semer les marguerites deuant les pourceaux, de peur que se retournans contre nous, ils ne nous deschirent : si i'eusse creu ce conseil, ie n'eusse esté en peine vous prier pour ma deliurance, vous asseurant à la verité, que mes haineux n'ont eu occasion contre moy, sinon pource que ie leur auois remonstré plusieurs fois certains passages des Escritures Sainctes, où il est escrit, que celuy est mal-heureux & maudit, qui boit le laict, & vestist la laine de la brebis, sans luy donner pasture. Et combien que cela les deust inciter à m'aimer, ils ont par là prins occasion de me vouloir faire destruire comme malfaicteur : & est chose veritable, que si ie me fusse confessé ès Iuges de ceste Ville, qu'ils m'eussent fait mourir, auparauant que i'eusse sceu obtenir de vous aucun seruice. Et l'occasion qui mouuoit aucuns Iuges à estre vn corps, & vne ame, & vne mesme volonté auec le Doyen & Chapitre mes parties, c'estoit, parce qu'aucuns desdits Iuges estoyent parens dudit Doyen & Chapitre, & possedent quelque morceau de benefice, lequel ils craignent perdre, parce que les laboureurs commencent à gronder en payant les dixmes à ceux qui les reçoyuent, sans les meriter. Ie me fusse tresbien donné garde de tomber entre leurs mains sanguinaires, n'eust esté que i'auois esperance qu'ils auroyent esgard à vostre œuure, & à l'imitation de Monseigneur le Duc de Montpensier, lequel me donna vne sauue-garde, leur interdisant

disant de non cognoistre ni entreprendre sur moy, ni sur ma maison, sachant bien que nul homme ne pourroit acheuer vostre œuure que moy. Aussi estant entre leurs mains prisonnier, le Seigneur de Burie, & le Seigneur de Iarnac, & le Seigneur de Ponts prindrent bonne peine pour me faire deliurer, tendant à fin que vostre œuure fust parachevee. Quoy voyãt mes haineux, m'enuoyerent de nuit à Bourdeaux, par voyes obliques, sans auoir esgard, ni à vostre grandeur ni à vostre œuure. Ce que ie trouuay fort estrange, veu que monsieur le Conte de la Roche Foucaut, combien que pour lors il tenoit le parti de vos aduersaires, ce neantmoins, il porta tel honneur à vostre grandeur, qu'il ne voulut iamais qu'aucune ouuerture fust faite en mon hastelier, à cause de vostre œuure: mais les susdits de ceste ville ne firent pas ainsi, ains au contraire, soudain que ie fus prisonnier, ils firent ouuerture, & lieu public de partie de mon hastelier, & auoyẽt conclu en leur maison de Ville de ietter mon hastelier à bas, lequel a esté partie erigé à vos despens, & eust esté executé vne telle deliberation, n'eust esté le Seigneur & Dame de Ponts, qui prierent les susdits, de n'executer leur intention. Ie vous ay escrit toutes ces choses, à fin que n'eussiez opinion que i'eusse esté prisonnier comme larron, ou meurtrier. Ie say combien il vous saura tresbien souuenir de ces choses en temps & lieu, & combien que vostre œuure vous coustera beaucoup d'auantage, pour le tort qu'ils vous ont fait en ma personne, toutesfois i'espere que suiuant le conseil de Dieu, vous leur rendrez bien pour mal, ce que ie desire: & de ma part, de mon pouuoir ie tascheray à recognoistre le bien qu'il vous a pleu me faire. Qui est l'endroit, où ie prieray le Seigneur Dieu, Monseigneur, vous donner en parfaite santé longue & heureuse vie.

Vostre tres-humble & affectionné seruiteur,
BERNARD PALISSY.

Au Lecteur, Salut.

AMI Lecteur, puis qu'il a pleu à Dieu que cest escrit soit tombé entre tes mains, ie te prie ne sois si paresseux ou temeraire, de te contenter de la lecture du commencement, ou partie d'iceluy: mais à fin d'en apporter quelque fruit, pren peine de lire le tout, sans auoir esgard à la petitesse & abiecte condition de l'autheur, ni aussi à son langage rustique, & mal orné, t'asseurant que tu ne trouueras rien à cest escrit, qui ne te profite, ou peu, ou prou: & les choses qui au commencement te semblerõt impossibles, tu les trouueras en fin veritables & aisees à croire: Sur toutes choses, ie te prie te souuenir d'vn passage qui est en l'Escriture Saincte, là où Sainct Paul dit, Qu'vn chacun selon qu'il aura receu des dons, qu'il en distribue aux autres. Suyuant quoy, ie te prie instruire les laboureurs, qui ne sont litterez, à ce qu'ils ayẽt songneusement à s'estudier en la Philosophie naturelle, suiuãt mon conseil: & singulierement, que ce secret & enseignement des fumiers que i'ay mis en ce liure, leur soit diuulgué & manifesté: & ce iusqu'à tant qu'ils l'ayent en aussi grande estime, comme la chose le merite: comme ainsi soit que nul homme ne sauroit estimer, combien le profit sera grand en la France, si en cest endroit ils veulent croire mon conseil. Il y a en certaines parties de la Gascongne, & aucuns autres pays de France, vn genre de terre qu'on appelle Merle, de laquelle les laboureurs fument leurs champs, & disent qu'elle vaut mieux que fumier: aussi, disent-ils, que quand vn champ sera fumé de ladite terre, que ce sera assez pour dix annees. Si ie voy qu'on ne mesprise point mes escrits, & qu'ils soyent mis en execution, ie prendray peine de cercher de ladite Merle en ce pays de Xaintongé, & feray vn troisieme liure, par lequel i'apprendray toutes gens à cognoistre ladite Merle, & mesme la maniere de l'appliquer aux champs, selon la methode de ceux qui en vsent ordinairement. Ie say que mes haineux ne voudront approuuer mon œuure, ni aussi les malicieux & ignorans, car ils sont ennemis de toute vertu: mais pour estre iustifié de leurs calomnies, enuies & detractions, i'appelleray à tesmoin tous les plus gentils esprits de France, Philosophes, gens bien viuans,

pleins

pleins de vertus & de bonnes mœurs, lesquels ie say qu'ils aurōt mon œuure en estime, combien qu'elle soit escrite en langage rustique & mal poli: & s'il y a quelque faute, ils sauront fort bien excuser la condition de l'autheur. Ie say qu'aucuns ignorans diront qu'il faudroit la puissance d'vn Roy, pour faire vn iardin, iouxte le dessein que i'ay mis en ce liure: mais à ce ie respons, que la despense ne seroit si grande, comme aucuns pourroyēt penser. Et puis, il faut entendre, que tout ainsi qu'à vn liure de medecine, il y a diuers remedes, selon les maladies diuerses, & vn chacun prend selon ce qui luy fait besoin, selon la diuersité du mal: aussi en cas pareil, au dessein de mon iardin, aucuns en pourront tirer selon leurs portees & cōmoditez des lieux où ils habiteront. Voila pourquoy nul ne pourra iustement calomnier le dessein de mon iardin. Ie say aussi, que plusieurs se moqueront du dessein de la Ville de forteresse que i'ay mis en ce liure, & diront, que c'est resuerie: mais à ce ie respons, que s'il y a quelque Seigneur Cheualier de l'ordre, ou autres Capitaines qui soyent tant curieux d'en sauoir la verité, qu'ils pensent de n'estre si suiets, ni captifs sous la puissance de leur argent, que pour le contentement de leur esprit, ils ne m'en departent quelque peu, pour leur faire entēdre par pourtrait & Modelle la verité de la chose. Ie say qu'ils trouueront estrange, que ie n'ay point mis en ce liure le pourtrait du iardin, ni aussi de la Ville de forteresse, mais à ce ie respons, que mon indigence, & l'occupation de mon art ne l'a voulu permettre. I'ay aussi trouuê vne telle ingratitude en plusieurs personnes, que cela m'a causé me restraindre de trop grande liberalité: toutesfois le desir que i'ay du bien public, & de faire seruice à la noblesse de France, m'incitera quelque iour de prendre le temps, pour faire le pourtrait du iardin, iouxte la teneur & dessein escrite en ce liure: mais ie voudrois prier la noblesse de France, ausquels le pourtrait pourroit beaucoup seruir, qu'apres que i'auray employé mon temps pour leur faire seruice, qu'il leur plaise ne me rēdre mal pour bien, comme ont fait les Ecclesiastiques Romains de ceste Ville, lesquels m'ont voulu faire pendre, pour leur auoir pourchassé le plus grand bien que iamais leur pourroit aduenir: qui est, pour les auoir voulu inciter à paistre leurs troupeaux suiuant le commandement de Dieu. Et ne sauroit-on dire, que iamais ie leur eusse fait aucun tort: mais parce que ie leur auois remonstré leur perdition au dixhuitieme de l'Apocalypse, tendant à fin de les amender, & que plusieurs fois aussi ie leur auois monstré vne authorité escrite au Prophete Ieremie, où il dit, Malediction sur vous Pasteurs, qui mangez le laict, & vestissez la laine, & laissez mes brebis esparses par les montagnes, ie les redemanderay de vostre main. Eux voyans telle chose, en lieu de s'amender, ils se sont endurcis, & se sont bandez contre la lumiere, à fin de cheminer le surplus de leurs iours en tenebres, & ensuyuãs leurs voluptez, & desirs charnels accoustumez. Ie n'eusse iamais pensé que par là ils eussent voulu prendre occasion de me faire mourir. Dieu m'est tesmoin, que le mal qu'ils m'ont fait, n'a esté pour autre occasion, que pour la susdite. Ce neantmoins, ie prie Dieu, qu'il les vueille amender. Qui sera l'endroit, où ie prieray vn chacun qui verra ce liure, de se rendre amateur de l'agriculture, suiuant mon premier propos, qui est vn iuste labeur, & digne d'estre prisé & honoré. Aussi comme i'ay dit cy dessus, que les simples soyent instruits par les Doctes, à fin que nous ne soyons redarguez à la grande iournee d'auoir caché les talens en terre, comme bien sauõs que ceux qui les auront ainsi cachez, seront bannis du Regne eternel, de deuant la face de celuy qui vit & regne eternellement au siecle des siecles. Amen.

POVR auoir plus facile intelligence du present discours, nous le traitterons en forme de Dialogue, auquel nous introduirõs deux Personnes, l'vne demandera, l'autre respondra comme s'ensuit.

Palissy.

Puis que nous sommes sur les propos des honnestes delices & plaisirs, ie te puis asseurer, qu'il y a plusieurs iours que i'ay commencé à tracasser d'vn costé & d'autre, pour trouuer quelque lieu montueux, propre & conuenable pour edifier vn iardin pour me retirer, & recreer mon esprit en temps de diuorces, pestes, epidimies, & autres tribulations, desquelles nous sommes à ce iourd'huy grandement troublez.

Demande.

Ie ne puis clairement entendre ton dessein, parce que tu dis que tu cerches vn lieu montueux, pour faire vn iardin delectable. C'est vne opinion contraire à celle de tous les Antiques & Modernes: car ie say qu'on cerche communement les lieux planiers, pour edifier iardins; aussi say-ie bien, que plusieurs ayans des bosses & terriers en leurs iardins, se sont constituez en grands frais pour les applanir. Quoy consideré, ie te prie me dire la cause qui t'a meu de cercher vn lieu montueux pour edifier ton iardin.

Responce.

Quelques iours apres que les esmotions & guerres ciuiles furent appaisees, & qu'il eut pleu à Dieu nous ennoyer sa Paix, i'estois vn iour me pourmenant le long de la prairie de ceste ville de Xaintes, pres du fleuue de Charãte: & ainsi que ie cõtemplois les horribles dangers, desquels Dieu m'auoit garenti au temps des tumultes & horribles troubles passez, i'ouy la voix de certaines vierges, qui estoyent assises sous certaines aubarees, & chantoyent le Pseaume cent quatriesme. Et parce que leur voix estoit douce & bien accordante, cela me fit oublier mes premieres pensees, & m'estant arresté pour escouter ledit Pseaume, ie laissay le plaisir des voix, & entray en cõtéplation sur le sens dudit Pseaume, & ayant noté les poincts d'iceluy, ie fus tout confus en admiration, sur la sagesse du Prophete Royal, en disant en moy-mesme. O diuine & admirable bonté de Dieu! A la miene volonté, que nous eussions les œuures de tes mains en telle reuerence, comme le Prophete nous enseigne en ce Pseaume! Et deslors ie pensay de figurer en quelque grand tableau les beaux paysages que le Prophete descrit au Pseaume susdit: mais bien tost apres, mon courage fut changé, veu que les peintures sont de peu de duree, & pensay de trouuer vn lieu conuenable, pour edifier vn iardin iouxte le dessein, ornement, & excellente beauté, ou partie de ce que le Prophete a descrit en son Pseaume, & ayant desia figuré en mon esprit ledit iardin, ie trouuay que tout par vn moyen, ie pourrois aupres dudit iardin edifier vn Palais, ou amphitheatre de refuge, pour receuoir les Chrestiens exilez en temps de persecution, qui seroit vne saincte delectation, & honneste occupation de corps & d'esprit.

Demande.

Ie te trouue fort eslôgné de toute opinion commune en deux instances: la premiere est, parce que tu dis qu'il est requis trouuer vn lieu montueux pour edifier vn iardin delectable: & l'autre, parce que tu dis que tu voudrois aussi edifier vn amphitheatre de refuge pour les Chrestiens exilez: ce que ne puis prendre à la bonne part, consideré que nous auons la Paix, aussi que nous esperons que de brief on aura liberté de prescher par toute la France, & non seulement en la France, mais aussi par tout le môde: car il est ainsi escrit en Sainct Matthieu chapitre xxiiij. là où le Seigneur dit, que l'Euangile du Royaume, sera presché en l'vniuersel monde, en tesmoignage à toutes gens. Voyla qui me fait dire & asseurer, qu'il n'est plus de besoin de cercher des Citez de refuge pour les Chrestiens.

Responce.

Tu as fort mal consideré les sentences du nouueau Testamẽt: car il est escrit, que les enfans & esleus de Dieu, seront persecutez iusqu'à la fin, & chassez, & moquez, bannis & exilez: & quãt à la sentence que tu as amenee escrite en Sainct Matthieu, vray est qu'il est escrit, que l'Euangile du Royaume sera presché à l'vniuersel monde: mais il ne dit pas qu'il sera receu de tous, mais bien dit, qu'il sera en tesmoignage à tous, sauoir est, pour iu

stifier

stifier les croyans, & pour condemner iustement les infideles. Suyuant quoy, il est à conclurre, que les peruers & iniques, symoniaques, auaricieux, & toute espece de gens meschans, serōt tousiours prests à persecuter ceux qui par lignes directes voudront suiure les statuts & ordonnances de nostre Seigneur.

Demande.

Quant au premier poinct, ie te le donne gagné, mais quant est de ce que tu dis, qu'il est requis vn lieu montueux pour edifier iardins, ie ne puis à ce accorder.

Responce.

Ie say que toute folie accoustumee est prinse comme par vne loy & vertu: mais à ce ie ne m'arreste, & ne veux aucunement estre imitateur de mes predecesseurs és choses spirituelles & temporelles, sinon en ce qu'ils auront bien fait selon l'ordonnance de Dieu. Ie voy de si grans abus & ignorances en tous les arts, qu'il semble que tout ordre soit la plus grand part peruerti, & qu'vn chacun laboure la terre sans aucune Philosophie, & vont tousiours le trot accoustumé, en ensuiuant la trace de leurs predecesseurs, sans considerer les natures, ni causes principales de l'agriculture.

Demande.

Tu me fais à ce coup plus esbahir de tes propos, que ie ne fus onques. Il semble à t'ouyr parler, qu'il est requis quelque Philosophie aux laboureurs, chose que ie trouue estrange.

Responce.

Ie te dis, qu'il n'est nul art au monde, auquel soit requis vne plus grande Philosophie qu'à l'agriculture, & te dis, que si l'agriculture est conduite sans Philosophie, que c'est autant que iournellement violer la terre, & les choses qu'elle produit: & m'esmerueille, que la terre & natures produites en icelle, ne criēt vengeance contre certains meurtrisseurs, ignorans, & ingrats, qui iournellemēt ne font que gaster & dissiper les arbres & plantes, sans aucune consideration. Ie t'ose aussi bien dire, que si la terre estoit cultiuee à son deuoir, qu'vn iournaut produiroit plus de fruit, que non pas deux, en la sorte qu'elle est cultiuee iournellement. Te souuient-il point auoir leu vne histoire, qu'il

Eloge de l'agric.

y auoit vn certain personnage agriculteur, qui estoit si tresbon Philosophe, & subtil ingenieux, que par son labeur & industrie, il faisoit qu'vn peu de terre qu'il auoit, luy rendoit plus de fruict, que non pas vne grande quantité de celles de ses voisins, dont s'en ensuiuit vne enuie: car ses voisins voyans telles choses, furent marris de son bien, & l'accuserent qu'il estoit sorcier, & que par sa sorcelerie, il faisoit que sa terre portoit plus de fruict que non pas celles de ses voisins. Quoy voyant les Iuges de la Cité, le feirent cõuenir, pour luy faire declarer, qui estoit la cause que ses terres apportoyent si grande abondance de fruicts: quoy voyant le bon homme, print ses enfans, & seruiteurs, son chariot & hastelage, & auec ce plusieurs outils d'agriculture, lesquels il alla exhiber deuant les Iuges, en leur remonstrant, que la sorcelerie de laquelle il vsoit en ses terres, estoit le propre labeur de ses mains, & des mains de ses enfans & seruiteurs, & les diuers outils qu'il auoit inuentez, dont le bon homme fut grandement loué, & renuoyé en son labourage: & par tel moyen l'enuie de ses voisins, fut amplement cognuë.

Demande.

Ie te prie, di moy en quoy est-ce qu'il est besoin que les laboureurs ayent quelque Philosophie: car ie say que plusieurs se moqueront d'vne telle opinion, & mesme ie say que Sainct Paul le defend aux Colossiens, Chapitre ij. où il dit, Donnez vous garde d'estre seduits par vaines Philosophies.

Responce.

Tu t'abuses, en m'allegant ce passage de Sainct Paul en cest endroit, d'autant qu'il ne fait rien contre moy: car quand Sainct Paul dit, Donnez vous garde d'estre seduits par Philosophie, il adiouste vaine, mais celle dont ie te parle n'est point vaine, ains est saincte & approuuee bonne, mesme par Sainct Paul: mais tu dois entendre, que quand Sainct Paul escrit qu'on se donne garde de vaine Philosophie, il parle à ceux qui par Philosophie humaine vouloyent cognoistre Dieu. Parquoy, ie conclus, que cela ne fait rien contre mon opinion. Comment cuides-tu qu'vn laboureur cognoistra les saisons de labourer, planter ou semer, sans Philosophie? Ie t'ose bien dire, qu'on pourra labourer la terre

terre en telle saison, que céla luy causera plus de dommage, que de profit. Item, comment cognoistra vn laboureur la difference des terres, sans Philosophie? Les vnes sont propres pour les fromens, les autres pour les seigles, les autres pour les pois, & autres pour les fefues. Les fefues creuës en vn champ, sont cuisantes, & tout aupres d'icelles, y aura vn autre champ, duquel les fefues qui y seront produites, ne seront iamais cuisantes: pareillement en est-il de toutes especes de legumes. Aussi il y a des eaux, desquelles les legumes ne pourront cuire, & il y a d'autres eaux, desquelles les legumes seront cuisans. Brief, il est impossible de te pouuoir reciter, combien la Philosophie naturelle est requise aux agriculteurs. Et ce n'est sans cause, que ie t'ay mis ces propos en auant: car les actes ignorans que ie voy tous les iours commettre en l'art d'agriculture, m'ont causé plusieurs fois me tourmenter en mon esprit, & me cholerer en ma seule pensee, parce que ie voy qu'vn chacun tasche à s'agrandir, & cercher des moyens pour sucer la substance de la terre, sans y trauailler, & cependant on laisse les pauures ignares pour le cultiuement de ladite terre: dōt s'en ensuit, que la terre, & ce qu'elle produit, est souuēt adulteree, & est commise grande violence és bestes bouines, que Dieu a creées pour le soulagement de l'homme.

Demande.

Ie te prie me monstrer quelque faute commise en l'agriculture, à fin de me faire croire ce que tu dis.

Responce.

Quand tu iras par les villages, considere vn peu les fumiers des laboureurs, & tu verras qu'ils les mettēt hors de leurs estables, tantost en lieu haut, & tantost en lieu bas, sans aucune consideration, mais qu'il soit appilé, il leur suffit: & puis, pren garde au temps des pluyes, & tu verras que les eaux qui tōbent sur lesdits fumiers, emportent vne teinture noire, en passant par ledit fumier, & trouuant le bas, pente, ou inclination du lieu où les fumiers seront mis, les eaux qui passeront par lesdits fumiers, emporteront ladite teinture, qui est la principale, & le total de la substance du fumier, Parquoy, le fumier ainsi laué, ne peut seruir, sinon de parade : mais estãt porté au champ, il n'y fait aucun profit. Voila pas donques vne ignorance manifeste, qui est grandément à regretter?

Demande.

Ie ne croy rien de cela, si tu ne me donnes autre raison.

Responce.

Tu dois entendre premierement, la cause pourquoy on porte le fumier au champ, & ayant entendu la cause, tu croiras aisement ce que ie t'ay dit. Il faut que tu me confesses, que quand tu apportes le fumier au champ, que c'est pour luy rebailler vne partie de ce qui luy a esté osté : car il est ainsi qu'en semant le blé, on a esperance qu'vn grain en apportera plusieurs : or cela ne peut estre sans prendre quelque substance de la terre, & si le champ a esté semé plusieurs annees, sa substance est emportee auec les pailles & grains. Parquoy, il est besoin de rapporter les fumiers, bouës & immondicitez, & mesme les excremens & ordures, tant des hommes que des bestes, si possible estoit, à fin de rapporter au lieu la mesme substance qui luy aura esté ostee. Et voila pourquoy ie dis, que les fumiers ne doiuent estre mis à la mercé des pluyes, parce que les pluyes en passant par lesdits fumiers, emportent le sel, qui est la principale substance & vertu du fumier.

Demande.

Tu m'as dit à present vn propos, qui me fait plus resuer que tous les autres, & say que plusieurs se moqueront de toy, parce que tu dis, qu'il y a du sel és fumiers : ie te prie donne moy quelque raison apparente, pour me le faire croire.

Responce.

Par cy deuant tu trouuois estrange, que ie te disois qu'il est requis aux laboureurs quelque Philosophie, & à present tu me demandes vne raison, qui est assez despendante de mon premier propos, ie te la diray, mais ie te prie l'auoir en tel estime, comme elle le requiert de soy : en entendant icelle, tu entendras plusieurs choses que par cy deuãt tu as ignoré. Note donques, qu'il n'est aucune semence tant bonne que mauuaise, qui n'apporte en soy quelque espece de sel, & quand les pailles, foins, & autres

her

herbes, sont putrefiees, les eaux qui passent à trauers, emportent le sel qui estoit esdites pailles, & autres herbes, ou foins: & tout ainsi comme tu vois qu'vn merlu salé, ou autre poisson, qui auroit long temps trempé, perdroit en fin toute sa substance salcitiue, & en fin n'auroit aucun goust, en cas pareil te faut croire, que les fumiers perdent leur sel, quād ils sont lauez des pluyes. Et quant est de ce que tu me pourrois alleguer, en disant, que le fumier demeure fumier, & qu'estant porté en la terre, il pourra encore beaucoup seruir, ie te donneray vn exemple contraire. Ne sais-tu pas bien, que ceux qui tirent les essences des herbes & espiceries, ils tireront la substance de la canelle, sans desfaire aucunement la forme? toutesfois tu trouueras qu'en la liqueur qu'ils auront tiré de la canelle, ils auront emporté de ladite canelle la saueur, la senteur, & entierement la vertu d'icelle: ce neantmoins, la canelle demeurera en sa forme, & aura apparence de canelle comme auparauant: mais si tu en manges, tu n'y trouueras ni senteur, ni saueur, ni vertu. Voila vn exemple qui te doit suffire, pour te faire croire ce que dessus.

Demande.

Quand tu m'aurois presché l'espace de cent ans, si est-ce que tu ne me saurois faire à croire qu'il y eust du sel és fumiers, ni à toutes especes de plantes, comme tu me veux faire croire.

Responce.

Ie te donneray à present des argumens, qui te feront croire ce que tu ignores, ou bien il faudroit que tu eusses la teste d'vn asne sur tes espaules. En premier lieu, il faut que tu me cōfesses, que le salicor est vne herbe qui croist communement és terres des marais de Narbonne & de Xaintonge. Or ladite herbe estāt bruslee, se reduit en pierre de sel, lequel sel les Apoticaires & Philosophes Alchimistals appellent salf alcaly, brief, cest vn sel prouenu d'vne herbe.

Item, la fougere aussi est vne herbe, & estant bruslee, se reduit en pierre de sel, tesmoins les verriers, qui se seruēt dudit sel à faire leurs verres, auec autres choses que nous dirons quand le propos se presentera, en traittant des pierres. Item, considere vn peu les cannes desquelles on fait le sucre, c'est vne herbe nouëe ; & creuse comme vne iambe de seigle, faite en façon de roseau : ce neantmoins, d'icelle herbe le sucre est tiré, qui n'est autre chose que sel. Vray est, que tous les sels n'ont pas vne mesme saueur, ni vne mesme vertu, & ne font vne mesme action, neantmoins, ie te puis asseurer, qu'il y a vn nombre infini d'especes de sels sur la terre. Si elles n'ont vne mesme saueur ; & vne mesme apparence, & vne mesme action, cela n'empesche toutesfois qu'elles ne soyent sel, & t'ose bien dire derechef, & soustenir hardiment, qu'il n'est aucune plante, ni espece d'herbes sur la terre, qu'elle n'aye en soy quelque espece de sel, & te dis encore, qu'il n'est nul arbre de quelque genre que ce soit, qu'il n'en aye consequemment les vns plus, & les autres moins. Et qui plus est, ie t'ose dire, que s'il n'y auoit du sel és fruits, qu'ils n'auroyent ne saueur, ni vertu, ne odeur, & ne pourroit-on empescher qu'ils ne fussent putrefiez : & à fin que tu ne dises que ie parle sans raison, ie te baille en premier lieu le principal fruit qui est à nostre vsage, à sauoir le fruit de la vigne. Il est chose certaine, que la lie du vin estant bruslee, elle se reduit en sel ; que nous appellons sel de tartre : or ce sel est grandement mordicatif, & corrosif. Quand il est mis en lieu humide, il se reduit en huile de tartre, & plusieurs guerissent les enderces dudit huile, parce qu'il est corrosif. Le sel de l'herbe salicor, quand il est tenu en lieu humide, il est ainsi oligineux comme celuy de tartre. Voila des raisons, qui te doiuent faire croire, qu'il y a du sel aux arbres & plantes. Qui me demanderoit combien il y a d'especes de sel, ie voudrois respondre, qu'il y en a d'autant d'especes, que de diuerses saueurs. Il est donc à conclurre, que le sel du poiure & de la maniguette est plus corrosif, que celuy de la canelle, & que de tant plus les vins sont forts & puissans, de tant plus il y a abondãce de sel, qui cause la force & vertu dudit vin. Qu'ainsi ne soit, cõtemple vn peu les vins de Montpellier, ils ont vne puissance & force admirable, tellement que les rapes de leurs raisins, bruslent & calcinent les lamines d'airain, & les reduisent en vert de gris : & si quelqu'vn ose dire, que cela ne se fait par la vertu du sel qui est ausdites rapes, mon dire est aisé à verifier, parce que c'est chose certaine, que si on met du sel commun,

mun,ou du ſel de tartare dedans vne poile d'airain, elle deuiendra verde en moins de vingt & quatre heures, pourueu que le ſel ſoit diſſout, & cela ſe fera à cauſe de ſon equité. Voila vn argument qui te doit ſuffire pour le tout, toutesfois pour mieux te faire entendre ces choſes, ie te veux apprẽdre à preſent, de tirer du ſel de toutes eſpeces d'arbres, herbes & plantes, & ſi te le feray entendre preſentement, ſans mettre la main à l'œuure. Tu me confeſſeras aiſement, que toutes cẽdres ſont aptes à la büee, auſſi tu me confeſſeras qu'elles ne peuuent ſeruir qu'vne fois en ladite buee, ſi tu me confeſſes cela, c'eſt aſſez : car par là tu dois entendre, que le ſel qui eſtoit aux cendres, s'eſt diſſout & meſlé parmi la leſſiue, & cela à cauſe emporter les ſaletez & ordures des linges, à cauſe de ſa mordication : dont s'enſuit, que la leſſiue eſt teinte & oligineuſe dudit ſel, qui eſt diſſout parmi, & la leſſiue eſtant venue en ſa perfection, elle a emporté tout le ſel qui eſtoit auſdites cendres, d'où vient que les cendres demeurẽt alterees, & inutiles, & la leſſiue qui a emporté le ſel deſdites cendres, a touſiours quelque vertu de nettoyer. Si tu ne veux croire ces raiſons, pren vn chauderon de leſſiue, & le fay bouillir iuſques à ce que l'humide ſoit tout euaporé, & lors tu trouueras le ſel au fons de la chaudiere. Si les argumens ſuſdits ne ſont ſuffiſans, pren garde à la fumee du bois : car il eſt ainſi, que les fumees de toute eſpece de bois, font cuire les yeux, & endommagent la veuë, & ce, pour cauſe de certaine ſalſitude, qu'elle attire du bois, lors que les autres humeurs ſont exhallees par la vehemence du feu, qui chaſſe les matieres haineuſes & humides. Et qu'ainſi ne ſoit, tu le cognoiſtras, lors que tu feras bouillir l'eau dans quelque chaudiere, parce que la fumee de ladite eau, ne te nuira aucunement à la veuë, combien que tu preſentes les yeux ſur ladite fumee. Et pour mieux encore te prouuer qu'il y a du ſel és bois & plantes, conſidere l'eſcorce, de laquelle les Taneurs courrayent leurs peaux : ſi elle eſt ſechee, & pulueriſee, elle endurciſt & garde de putrefier les peaux des bœufs & autres beſtes. Cuides-tu que les eſcorces de cheſne euſſent vertu d'empeſcher la putrefaction deſdites peaux, ſans qu'il y euſt du ſel eſdites eſcorces? Non pour vray, & ſi ainſi eſtoit que l'eſcorce euft cefte vertu, elle pourroit feruir plufieurs fois, mais dés qu'elle a ferui vne fois, l'humidité de la peau a fait attraction, & a diffout le fel qui eftoit en l'efcorce, & l'a prins & attiré à foy, pour fe fortifier & endurcir. Et ainfi, ladite efcorce ne fert plus de rien que de mettre au feu, apres qu'elle a ferui vne fois feulemẽt.

Autre exemple. Il me fouuient auoir veu certaines pierres, qui eftoyent faites de paille bruflee, ce qui ne peut eftre fait, fans que lefdites pailles tienent en foy grande quantité de fel. Item, le feu fe print vne fois à vne grange pleine de foin, le feu fut fi grand, que ledit foin en fin fut reduit en pierre, de la maniere que ie t'ay conté du falicor & de la fougere : mais parce qu'en iceluy foin il y a moins de fel qu'au falicor & au tartare, lefdites pierres de foin & de paille ne font fuiettes à diffolution, ains endurent l'iniure du temps, comme pourroit faire vn lopin d'excrement de fer. Ie fay auffi que plufieurs verriers de ceux qui font les verres des vitres, fe feruent de la cendre du bois de fayan en lieu de falicor, qui vaut autant à dire, que la cendre dudit fayan n'eft autre chofe que fel : car autrement elle ne pourroit feruir à ceft affaire. Quand ie voudrois mettre par efcrit tous les exemples que ie pourrois trouuer, il me faudroit vn bien long temps : mais pour conclufion, ie te dis, comme deffus, qu'il y a vn nombre infini d'efpeces de fel, voire autant d'efpeces diuerfes, que de diuerfes faueurs. La couppe-rofe, & vitriol, ne font que fel, le bourrax n'eft que fel, l'alun fel, le falpeftre fel, & le nitre fel. Ie te dis, que fans qu'il y euft du fel en toutes chofes, elles ne pourroyent fe fouftenir, ains foudain feroyent putrefiees & anichilees. Le fel affermit, & garde de putrefier les lards, & autres chairs, tefmoins les Egyptiens, qui faifoyent de grands pyramides, pour garder les corps de leurs Rois trefpaffez : & pour empefcher la putrefaction defdits corps, ils les poudroyent de nitre, qui eft vn fel, comme i'ay dit, & de certaines efpiceries, qui tienent en foy grande quantité de fel. Et par tel moyen, leurs corps eftoyent conferuez fans putrefaction : mefme iufques à ce iourd'huy, on en trouue encore efdites pyramides, qui ont efté fi bien conferuez, que la chair defdits

morts

morts sert auiourd'huy d'vne medecine, qu'on appelle Momie. Ie te demande, As-tu pas veu certains laboureurs, que quand ils veulent semer vne terre deux annees suiuantes, ils font brusler le gleu, ou paille du reste du blé, qui aura esté couppé, & en la cendre de ladite paille, sera trouué le sel que la paille auoit attiré de la terre, lequel sel demeurant dans le champ, aidera derechef à la terre? Et ainsi la paille estant bruslee dedans le champ, elle seruira d'autant de fumier, parce qu'elle laissera la mesme substance qu'elle auoit attiree de la terre. Il est temps que ie face fin à ce propos: car si tu ne veux croire les raisons susdites, ce seroit grand folie de te donner autres exemples: toutesfois, parce que nostre propos a esté dés le commencement, pour te remonstrer que les pluyes emportent le sel des fumiers qui sont au descouuert, ie te donneray encore pour conclurre mon propos, vn exemple, qui te suffira pour le tout. Pren garde au temps des semailles, & tu verras que les laboureurs apporteront leurs fumiers aux champs, quelque temps auparauant semer la terre, ils mettront iceluy fumier par monceaux ou pilots dans le champ, & quelque temps apres, ils le viendront espandre par tout le champ: mais au lieu où ledit pilot de fumier aura reposé quelque temps, ils n'y laisseront rien dudit fumier, ains le ietteront deçà & delà, mais au lieu où ledit fumier aura reposé quelque temps, tu verras qu'apres que le blé qui aura esté semé sera grand, il sera en cest endroit plus espes, plus haut, plus verd, & plus gaillard, que non pas és autres endroits. Par là tu peux aisemement cognoistre, que ce n'est pas le fumier qui a causé cela, car le laboureur le iette autre part: mais c'est que quād ledit fumier estoit au champ par pilots, les pluyes qui sont suruenues, ont passé à trauers desdits pilots de fumier, & sont descendues à trauers du fumier iusqu'à la terre, & en passant, ont dissout & emporté certaines parties du sel qui estoit audit fumier. Tout ainsi que tu vois que les eaux qui passent à trauers des terres salpestreuses, emportent auec elles le salpestre, & apres que les eaux ont passé par lesdites terres, lesdites terres ne peuuent plus seruir à faire salpestre, car les eaux qui ont passé, ont emporté tout le sel; autant en est-il des cendres, desquelles les Salpestriers se seruent, & semblablement de celles qui seruent aux buees: & voila pourquoy elles sont apres inutiles, qui est le poinct qui te doit faire croire ce que ie t'ay dit dés le commencement: c'est à sauoir, que les eaux qui passent par les fumiers, emportent tout le sel, & rendent le fumier inutile, qui est vne ignorance de tresgrand poids. Et si elle estoit corrigee, on ne sauroit estimer, combien le profit seroit grand. A la miene volonté, qu'vn chacun qui verra ce secret, soit aussi soigneux à le garder, comme de soy il le merite.

Demande.

Di moy, comment donc pourrois-ie garder de gaster mon fumier?

Responce.

Si tu veux que ton fumier te serue à plein ~~& à outrance~~, il faut que tu creuses vne fosse en quelque lieu conuenable, pres de tes estables, & icelle fosse creusee en maniere d'vn claune, ou d'vn abruuoir, faut que tu paues de caillous, ou de pierres, ou de brique ledit claune ou fosse, & iceluy bien paué auec du mortier de chaux, & de sable, tu porteras tes fumiers pour garder en ladite fosse, iusques au temps qu'il le faudra porter aux chãps. Et à fin que ledit fumier ne soit gasté par les pluyes, ni par le soleil, tu feras quelque maniere de loge, pour couurir ledit fumier: & quand il viendra au temps des semailles, tu porteras ledit fumier dans le champ, auec toute sa substance, & tu trouueras que le paué de la fosse, ou receptacle, aura gardé toute la liqueur du fumier, qui autrement se fust perdue, & la terre eust sucé partie de la substance dudit fumier: & te faut yci noter, que si au fons de la fosse, ou receptacle dudit fumier, se trouue quelque matiere claire, qui sera descendue des fumiers, & que ladite matiere ne se puisse porter dans des paniers, il faut que tu prenes des basses, qui puissent tenir l'eau, comme si tu voulois porter de la vendange, & lors tu porteras ladite matiere claire, soit vrine de bestes, ou ce que voudras. Ie t'asseure que c'est le meilleur du fumier, voire le plus salé: & si tu le fais ainsi, tu rapporteras à la terre, la mesme chose qui luy auoit esté ostee par les accroissemens des semences, & les semences que tu y mettras

apres

apres, reprendront la mesme chose que tu y auras porté. Voila comment il faut qu'vn chacun mette peine d'entendre son art; & pourquoy il est requis, que les laboureurs ayent quelque Philosophie : ou autrement, ils ne font qu'auorter la terre, & meurtrir les arbres. Les abus qu'ils commettent tous les iours és arbres, me contraignent en parler ainsi d'affection.

Demande.

Tu fais ici semblant que des arbres ce sont des hommes, & semble qu'ils te font grand pitié : tu dis que les laboureurs les meurtrissent, voila vn propos qui me donne occasion de rire.

Responce.

C'est le naturel des fols & des ennemis de science : toutesfois, ie say bien ce que ie dis, car en passant par les taillis, i'ay contemplé plusieurs fois la maniere de coupper les bois, & ay veu que les bucherõs de ce pays, en couppant leurs taillis, laissoyẽt la seppe ou tronc qui demeuroit en terre tout fendu, brisé, & esclatté, ne se soucians du tronc, pourueu qu'ils eussent le bois qui est produit dudit tronc, cõbien qu'ils esperassent que toutes les cinq annees les troncs, en produiroyent encores autant. Ie m'esmerueille que le bois ne crie d'estre ainsi vilainement meurtri. Penses-tu que la seppe qui est ainsi fendue & esclattee en plusieurs lieux, qu'elle ne se ressente de la fraction, & extorsion qui luy aura esté faite? Ne sais-tu pas bien que les vẽts & pluyes apporterõt certaines poussieres dans les fentes de ladite seppe, qui causera q̃ la seppe se pourrira au milieu, & ne se pourra resoudre, & sera à tout iamais malade de l'extorsion qui luy aura esté faite. Et pour mieux te faire entendre ces choses, contemple vn peu les aubiers, lesquels sur vn mesme degré produisent plusieurs branches, qui croissent directement en haut en peu de temps, & icelles paruenues à la grosseur ou enuiron du bras d'vn homme, on les vient à coupper, & la mesme annee que lesdites brãches auront esté couppees, pres & ioignant la couppe d'icelles, il sortira vn nombre de gittes, qui derechef viẽdront à la mesme grosseur que les susdites: & par tel moyẽ la teste de l'aubier s'engrossira en cest endroit, apres que plusieurs annees on luy aura couppé ses branches, desquelles aucuns font des cercles, & des paux pour soustenir les seps des vignes : dont s'en ensuiura, que les couppes de la multitude des branches qui auront esté couppees sur la teste dudit aubier, feront vn receptacle d'eau sur ladite teste, laquelle eau estant ainsi retenue, entrera petit à petit dans le centre & moile de l'aubier, & pourrira la iambe & tronc, comme tu peux apperceuoir en plusieurs aubiers, lesquels tu trouueras communement pourris par le dedans: & s'ils estoyent couppez par science, ce mal seroit obuié par la prudence de l'homme. Veux-tu que ie te produise tesmoignage de mon dire? Va à vn Chirurgien, & luy fay vn interrogatoire, en disant ainsi, Maistre, il est aduenu à ce iourd'huy, que deux hommes ont eu chacun d'eux vn bras couppé, & y en a vn d'iceux, à qui on l'a couppé d'vn glaiue trenchant, du beau premier coup tout nettement, à cause que le glaiue estoit bien aiguisé: mais à l'autre, on luy a couppé d'vne serpe toute esbrechee, en telle sorte qu'il luy a falu donner plusieurs coups, deuant que le bras fust couppé: dont s'ensuit que les os sont froissez, & la chair meurtrie, & làbineuse, ou serpilleuse à l'endroit ou ledit bras a esté couppé. Ie vous prie me dire, lequel des deux bras sera le plus aisé à guerir. Si le Chirurgien entend son art, il te dira soudain, que celuy qui a eu le bras couppé nettement par le glaiue trenchant, est beaucoup plus aisé à guerir que l'autre. Semblablement ie te puis asseurer, qu'vne branche d'arbre couppee par science, la playe de l'arbre sera beaucoup plustost guerie, que non pas celle qui par violence, & inconsiderement sera froissee. Voila pourquoy, ie voudrois que les laboureurs & buscherons eussent ceste consideration, quand ils coupperont les branches des arbres, en esperance que la seppe apporte encore branches, qu'ils eussent esgard de faire la couppe nettement, & en pente, à fin que les eaux, ni aucune chose, ne se peust retenir sur ladite couppe. Et sur toutes choses, qu'on se donnast bien garde de les froisser, ni fendre en les couppant. Veux-tu ouyr vn bel exemple? Il y auoit deux laboureurs, qui auoyent arrenté vne terre nouuelle, & pour icelle clorre, ils auoyent fait vn fossé par esgale portion: & sur le bord dudit fossé, ils auoyent planté des espines vn mesme iour l'vn & l'autre : quelque temps apres que les espines furent

rent grandes,& bonnes à faire fagots, pour chauffer les fours, ils vont ensemble accorder, qu'il faloit estaucer leur palice ou haye,à fin que les espines produissent derechef multitude de gittes & branches : cela fait & accordé,au iour determiné l'vn d'iceux print vn volant,qui est vn ferremēt comme vne serpe:mais il est emmanché au bout d'vn baston,& ainsi, celuy qui auoit le volant,couppoit ses espines de bien loin, à grands coups, craignant s'espiner,& en les couppant,faisoit plusieurs fautes & fractions aux seppes & racines desdites espines : mais son compagnon plus sage que luy, monstra qu'il auoit quelque Philosophie en son esprit:car il prist vne sie,& ayāt des gans aux mains, il sia toutes les branches de ses espines, auec ladite sie, en telle sorte, qu'il ne fut faite aucune fraction : mais plusieurs se moquoyent de luy, dont à la fin,ils furent moquez : car la partie de la haye qui auoit esté siee ainsi sagemēt,elle se trouua auoir produit derechef ses branches en deux annees plus grosses & grandes,que non pas celles de son compagnon en cinq annees : voila vn tesmoignage, qui te doit donner occasion de premediter & philosopher les choses deuant que les commencer. Ce n'est pas donc sans cause,que ie t'ay dit, qu'il est requis vne grande Philosophie en l'art d'agriculture.

Demande.

Tu m'as dit,que les aubiers estoyent creux, & pourris au dedans du cœur,à cause des eaux qui sont retenues sur la teste,pour la faute,ou imprudence de ceux qui couppent les branches,toutesfois,i'ay veu plusieurs Chesnes és forests,qui auoyent la iambe creuse,& n'auoyent iamais esté estaucez ou couppez.

Responce.

Cela n'empesche pas que ma raison ne soit legitime, mais en cest endroit,tu dois entendre,que plusieurs arbres ont des carrefours sur la rencontre des fourches,& plusieurs branches,qui ont prins leur accroissement en vn mesme endroit,& en se dilatant l'vne deçà, & l'autre delà, elles font vn certain receptacle entre lesdites branches, sur lesdits carrefours: & en temps de pluyes,les eaux qui descoulēt le long des brāches,sont retenues sur lesdits carrefours : & ainsi, par succession de temps, elles percent, & penetrēt la iābe de l'arbre iusques à la racine, parce que le naturel de l'eau, est de tirer tousiours en bas, voila qui cause que lesdits arbres sont creux dedās le corps. Veux-tu bien clairement entendre ces choses? Pren garde au bois de Noyer, & tu trouueras que quand il est vieux, le bois est maderé, ou figuré, & de couleur noire par le dedans du tronc ; & pour ceste cause, les vieux Noyers, sont plus estimez à faire menuserie, que non pas les ieunes : car le bois des ieunes, est blāc, & n'y a aucune figure. Cela te doit asseurer, que les eaux qui distillent le long des branches, se retienent & arrestent sur les carrefours desdits Noyers, & petit à petit, lesdites eaux entrēt par les porres dudit Noyer. Et si tu ne veux croire que le bois de Noyer soit porreux, va chez vn Menusier, & tu trouueras, que quand il rabote quelque table, ou membrure dudit Noyer, il se fait des escoupeaux lōgs, & terues comme papier: pren vn desdits escoupeaux, & le regarde contre le iour, & tu verras là vn nombre infini de petis pertuis, qui est la cause que ledit bois est fort espongeux, & suiet à s'enfler, soudain qu'il reçoit quelque humidité. Ie te donneray encore vn exemple fort aisé : il faut que tu me confesses, que le bois d'Erable est plus maderé, figuré, & damasquiné que nul autre bois, & pour ceste cause, les Flamans en font des tables merueilleusement belles : car ayans vn tronc bien damasquiné, ils le sieront bien terue, & l'enchasseront dans quelque autre table de moindre estime, en ioignant & assemblant plusieurs desdites tables ensemble : ils cercheront le racord des figures de la damasquine, tellemēt qu'il semblera que toutes lesdites tables iointes ensemble, ne sont qu'vne mesme piece, à cause que le racord des figures, empesche la cognoissance de l'assemblage. Veux-tu sauoir à present, qui est la cause que ledit bois se trouue ainsi figuré? Note qu'il est tout branchu, depuis la racine iusques aux branches, & parce qu'il ne produit aucun fruit profitable, on couppe souuent les branches, & laisse on le tronc, lors les branches estans couppees, la teste du tronc se renforce d'escorce & de gittes, & fait vn receptacle, sur lequel sont retenues quantitez d'eaux ès tēps des pluyes, ainsi que ie t'ay dit ci dessus. L'eau

a son

a son naturel de percer toûsiours en bas, & passant par les porres le long du tronc, en tirant en bas, elle trouue qu'à l'endroit des branches de la iambe, le bois est plus dur, & moins porreux, parce que les nœuds desdites branches prenent leur origine dés le cẽtre du trõc. Et ainsi que ladite eau descend en bas, & qu'elle trouue le dur de la naissance, & la branche, elle est contrainte se desuier par autre voye, en tenant lignes obliques, & tant plus il y a de branches audit tronc, d'autant plus se trouue diuerses figures au bois d'Erable. Et pour bien cognoistre cela, va à vn ruisseau, où il n'y aye guere d'eau, & mets plusieurs pierres dedans le cours de l'eau, enuiron distantes de quatre doits l'vne de l'autre: si les pierres sont vn peu plus hautes que l'eau, tu verras que les pierres feront diuertir l'eau en la maniere que dessus. Si ce secret estoit cognu de tous les bois d'Erable, ils ne seroyent bruslez, ains seroyent gardez precieusement, desquels on pourroit faire de belles colõnes, & autres telles choses. Puis que nous sommes sur le propos des arbres, & des abus que les ignorans commettent au gouuernement d'iceux, combien penses-tu qu'il y ait de gens, qui regardent le temps & saison conuenable pour coupper les bois de haute futee? De ma part, ie pense qu'il y en a bien peu: vray est que communement ils ne les couppent pas en esté, parce qu'ils ont d'autres affaires, qui les pressent: & parce qu'ils n'ont rien à faire en hyuer, & qu'il fait bon trauailler pour s'eschauffer, ils couppent communement leurs bois en hyuer: car en esté ils ne pourroyent finer de iournaliers, parquoy sont cõtraints d'attendre l'hyuer: mais il faut Philosopher plus outre, car si les bois sont couppez és iours que le vent est au Sud, ou à l'Oüest, ce sont les vẽts humides, lesquels par leurs actions, font enfler les bois, & remplir les porres d'humidité: & estans ainsi enflez, humectez, & abbruuez, s'ils sont couppez en tel estat, l'humeur qui est dedãs les porres, s'eschauffera, & engendrera quelques cossons, ou vermines, qui quelque temps apres gasteront le bois. Quoy qu'il en soit, la cherpãte d'vn bois couppé en la saison susdite, sera de petite duree: mais si le bois est couppé en temps de froidures, & que le vẽt soit au Nord les porres desdits bois sont reserrez en telle sorte, que cõme l'homme est plus sain & plus fort en temps de froidure, que non pas au temps que par sueur les humeurs sont dilatees, & les porres ouuerts, semblablement le bois qui est couppé au temps que le vent est au Nord, il est plus halis, & plus fort que non pas en esté. Et te faut aussi noter, que nulle nature ne produit son fruit sans extreme trauail, voire & douleur: ie dis autant bien les natures vegetatiues, cōme les sensibles & raisonnables. Si la Poule deuient maigre, pour espellir ses Poulets, & la Chiene souffre, en produisant ses petis, & consequēment toutes especes & genres, & mesme la Vipere, qui meurt en produisant son semblable, ie te puis aussi asseurer, que les natures vegetatiues & insensibles souffrent, en produisant leurs fruits. I'estois quelque fois és Isles de Xaintonge, où i'apperceu vne vigne plus chargee de fruits que toutes les autres, & m'enquerant de la raison, on me respondit qu'elle estoit chargee à la mort: lors ayant demandé l'interpretation de cela, on me dist, qu'on luy auoit laissé plus de rameaux que de coustume, parce qu'on la vouloit arracher apres la cueillie, & que autrement on n'eust voulu permettre, qu'elle eust chargé si abondamment, qui vaut autant à dire, que si on laissoit faire ausdites vignes ce qu'elles voudroyent, qu'elles se tueroyent, à cause de l'abondance des fruits, qu'elles s'efforceroyent de produire. I'ay contemplé plusieurs fois des arbres & plantes, qui par secheresse, ou autre accident se mouroyent: toutesfois, deuant que mourir, ils se hastoyēt de fleurir & produire graines & fruits deuant le temps accoustumé. Or si ainsi est, que les arbres & autres vegetatifs trauaillent, & sont malades en produisant, il faut conclurre, que si tu couppes tes arbres au temps des fruits, des fleurs, & des fueilles, tu les couppes en leur maladie, dont la foiblesse de ladite maladie demeurera ausdits arbres, & la charpente qui sera faite desdits arbres, ne sera iamais si forte, ni de si grande duree, que celle qui sera faite des arbres, qui seront couppez au temps d'hyuer & froidures seches, comme i'ay dit cy dessus. Si tu es homme de bon iugement, tu peus à present cognoistre par les argumens susdits, que ce n'est pas sans cause, que i'ay dit, qu'il est requis quelque Philosophie à ceux qui exercent l'art d'agriculture, & si tu eusses

ses entẽdu ce qu'vn bon laboureur deuroit entendre, tu n'eusses trouué estrange ce propos que ie t'ay dit au commencement, c'est à sauoir, que ie cerchois vn lieu montueux, pour edifier vn iardin excellent, & de grand reuenu.

Demande.

A la verité, i'ay trouué cela fort estrange, & ne puis encore entendre la cause : parquoy, ie te prie, me la dire, à fin de m'oster de ceste fantasie.

Responce.

Tu dois entendre, que les terres des lieux montueux sont plus salees, que non pas celles des vallees : & pour ceste cause, les arbres fruitiers qui croissent sur les hauts terriers, produisent leurs fruits plus salez, & de meilleur goust, que ceux des vallees : voila vne raison qui te doit suffire pour le tout.

Demande.

Cuides-tu que ie te croye, de ce que tu dis à present, de dire, qu'il y aye du sel en la terre, & mesme en toutes especes?

Responce.

Veritablement tu as vn pauure iugement : ie t'ay prouué cy deuant, que en toutes especes d'arbres, herbes, & plantes, il y auoit du sel, & à present tu veux ignorer qu'il y en aye en toutes terres. Et où penses-tu que les arbres, herbes, & plantes, prenent leur sel, s'ils ne le tirent de la terre? Tu trouuerois bien estrange, si ie te disois, qu'il y a aussi du sel en toutes especes de pierres, & non seulement és especes de pierres, mais ie te dis aussi, qu'il y en a en toutes especes de metaux : car n'y en ayant point, nulle chose ne se pourroit tenir en son estre, ains se reduiroit soudain en cendre.

Demande.

Si de ces choses tu ne me donnes des raisons bien apparentes, ie ne croiray rien de tout ce que tu m'en as dit.

Responce.

Il te faut yci entendre, que la cause qui tient la forme & bosse des mõtagnes, n'est autre chose que les rochers qui y sont, tout ainsi cõme les os d'vn homme tienent la forme de la chair, delaquelle ils sont reuestus. Et tout ainsi que si l'homme auoit les os froissez & escachez, la forme du corps se viendroit à encliner, perdre & rabaisser son estre : semblablement, si les pierres qui sont és montagnes se venoyent à reduire en terre, lesdites montagnes perdroyent leur forme : car les eaux qui descendent des nues, emmeneroyent les terres desdites montagnes aux vallees, & ainsi il n'y auroit plus de montagnes, mais les pierres, comme ie t'ay dit, tienent ladite forme. Et parce que esdites pierres il y a plus de sel, que non pas en la terre, les terres qui sont sur les rochers, se ressentent du sel desdites pierres : car tout ainsi que ie t'ay dit, que l'acreté de la fumee du bois estoit tesmoignage qu'elle portoit en soy quelque salcitude, qui faisoit cuire & gaster les yeux, semblablement la vapeur qui sort des rochers desdites montagnes, apporte quelque salcitude és terres qui sont dessus, qui causent que les fruits qui y croissent, sont plus salez, & de meilleur goust, & ne sont si suiets à putrefaction & pourriture, comme ceux qui sont produits és vallees, & ceux des vallees sont cõmunement plus fades, & de mauuaise saueur, & suiets à pourriture. Et ce, pour cause que les terres des vallees sont suiettes à receuoir & donner passage és eaux qui descendẽt des montagnes, lesquelles eaux font dissoudre, & emportent le sel des terres desdites vallees, qui causent que les fruits ne sont guere salez. Item, les arbres qui sont plantez és vallees, ne peuuent porter si grande abondance de fruits, que ceux des montagnes, ou terriers hauts : & la cause est, parce que les arbres des vallees sont trop guais, à cause de l'abondance d'humeur, qui fait qu'ils employẽt leur temps & force à produire grãde quantité de bois & branches, & cerchent le Soleil, & deuienent plus hauts & plus droits, que ceux qui sont aux terriers hauts : aussi lesdits arbres des vallees en cas pareil n'ont point si grãde quantité d'huile en leur bois, comme ceux des hauts terriers & montagnes. Voila aussi pourquoy ils ne bruslent pas si bien que ceux des hauts lieux, & ne sont lesdits arbres de si longue duree, & si tu ne veux croire qu'il y aye du sel és fruits, contemple vn peu quelque arbre de Cerisier, Pommier, ou Prunier : si tu vois vne

annee

annee qu'il n'aye guere de fruit, & que le temps se porte sec, tu trouueras ce fruit là d'vne excellente saueur: & s'il aduient vne annee fort mouillée, & que ledit arbre aye grande quantité de fruit, tu trouueras que ledit fruit sera fade, & de mauuaise saueur, & de peu de garde. Et cela aduiendra pour deux causes: la premiere est, parce que le tronc & branches dudit arbre n'ont pas assez de sel, pour en distribuer abondamment, à si grande quantité de fruit: l'autre, parce que l'année a esté pluuieuse, & que les pluyes ont emporté partie du sel dudit fruit, comme il seroit d'vn poisson salé, qui seroit pendu à vne branche dudit arbre.

Demande.

Quant est de ces raisons que tu m'as donnees des fruits, elles sont assez aisees à croire: mais de croire qu'il y aye du sel aux pierres & metaux, il n'y a homme, qui me le seust faire accroire.

Responce.

Tu trouues bien estrange, que ie dis, qu'il y a du sel en toutes especes de pierres & metaux: tu t'esbahiras donc beaucoup plus, quand ie te diray, qu'aucunes pierres sont presque toutes de sel, & si te prouueray par bonnes raisons, qu'il y a certains metaux, qui ne sont autre chose que sel: & à fin que tu n'ayes occasion de t'en aller mal edifié de mes propos, commençons du mineur au maieur. Tu me confesseras en premier lieu, que les pierres de chaux, empeschent la putrefaction, & endurcissent, & mondifiét les peaux des bestes mortes: ou autremét, elles ne pourroyét seruir aux Courrayeurs. Tu es bien asne, si tu pések que la pierre de chaux aye ceste vertu, sans qu'il y eust du sel. Passons outre, ie te demande, Pourquoy est-ce que les Courrayeurs iettent ladite chaux apres qu'elle a serui vne fois? N'est-ce pas, parce que son sel s'est dissout, & estant dissout, a salé lesdites peaux, & le residu de la pierre est demeuré inutile? Car autrement ladite chaux pourroit seruir plusieurs fois. Ie t'ay donné cy dessus vn exemple du sel de l'escorce du bois, duquel se seruent les Tanneurs: l'vne raison te doit assez suffire, pour te faire croire l'autre. Si tu tastes de la chaux dissoute sur le bout de la langue, tu trouueras vne mordication salsitiue beaucoup plus poignante que celle du sel commun. Item, tout ainsi que le sel du vin qu'on appelle cédre grauelée, nettoye les draps, & est bonne à la buée, aussi fait le sel, qui est aux cendres du bois. Semblablement le sel de la pierre de chaux, est bon à la buée, quelque chose qu'on die, qu'il brusle les draps : cela ne peut estre, si n'estoit que dedans vn peu d'eau, on mist vne grande quantité de ladite chaux: mais si vne moyene quantité de chaux est mise & dissoute dedans assez bonne quantité d'eau, & que ladite chaux aye trempé quelque temps dedans ladite eau, le sel qui y est, se viendra à dissoudre, & mesler parmi l'eau : lors ladite eau estant salee du sel de la chaux, sera fort apte pour seruir à la buee, comme ie t'ay dit cy deuãt, que l'eau qui distille des fumiers, est presque le total de ce qui deust estre porté en la terre. Voila les raisons, qui te doiuent faire croire le total, toutesfois, ie te donneray encore certains exemples, qui te feront croire ce que tu ignores à present. Considere vn peu certaines pierres qu'on appelle gelices, ou venteuses, & tu verras qu'elles se consomment iournellement, & se reduisent en cendre, ou menue poussiere. Veux-tu sauoir la cause de cela? C'est parce qu'il n'y a pas long temps, que ladite pierre a esté faite, & a esté tiree de sa racine, deuant que sa discretion fust paracheuee : dont s'ensuit, que l'humidité de l'air, & pluyes qui donnent contre, font dissoudre le sel qui est en ladite pierre, & le sel estant ainsi dissout & reduit en eau, il laisse ses autres parties, ausquelles il s'estoit ioint: & de là viét, que ladite pierre se reduit derechef en terre, comme elle estoit premierement, & estãt reduite en terre, elle n'est iamais oisifue: car si on ne luy donne quelque semence, elle se trauaillera à produire espines & chardons, ou autres especes d'herbes, arbres ou plantes, ou bien quand la saison sera conuenable, elle se reduira derechef en pierre. Pour bien cognoistre ces choses, quand tu passeras pres des murailles qui sont gastees par l'iniure du temps, taste sur la langue, de la poussiere qui tombe desdites pierres, & tu trouueras qu'elle sera salee, & que certains rochers, qui sont descouuers, combien qu'ils soyent encore au lieu de leur essence, ils sont suiets à l'iniure du temps : & dois yci noter, que les murailles & rochers qui sont ainsi incisez par

l'iniu

l'iniure du temps, le sont beaucoup plus devers la partie du Sud, & de l'Ouëst, que non pas du Nord, qui est attestation de mon dire, c'est à savoir, que l'humidité fait dissoudre le sel, qui estoit la cause de la tenance, forme, & discretion de la pierre : & mesme, tu vois que le sel commun, estant dedans les maisons, se dissout de soy-mesme en temps de pluyes, qui sont agitees par lesdits vents d'Ouëst & Sud.

Demande.

L'opinion que tu m'as dite à present, est la plus menteuse, que i'ouys iamais parler : car tu dis, que la pierre qui depuis peu de temps a esté faite, est suiette à se dissoudre, à cause de l'iniure du temps, & ie say que dés le commencement que Dieu fit le Ciel & la terre, il fit aussi toutes les pierres, & n'en fut fait onques depuis. Et mesme le Pseaume, sur lequel tu veux edifier ton iardin, rend tesmoignage, que le tout a esté fait dés le commencement de la creation du monde.

Responce.

Ie ne vis onques homme de si dure ceruelle que toy : ie say bien qu'il est escrit au liure de Genese, que Dieu crea toutes choses en six iours, & qu'il se reposa le septiesme : mais pourtant, Dieu ne crea pas ces choses pour les laisser oisifues, ains chacune fait son deuoir, selon le commandement qui luy est donné de Dieu. Les Astres & Planetes ne sont pas oisifues, la mer se pourmeine d'vn costé & d'autre, & se trauaille à produire choses profitables, la terre semblablement n'est iamais oisifue : ce qui se consomme naturellement en elle, elle le renouuelle, & le reforme derechef, si ce n'est en vne sorte, elle le refait en vne autre. Et voila pourquoy tu dois porter les fumiers en terre, à fin que derechef la terre prene la mesme substâce qu'elle luy auoit donnee. Or faut yci noter, que tout ainsi que l'exterieur de la terre se trauaille pour enfanter quelque chose, pareillement le dedans & matrice de la terre, se trauaille aussi à produire : en aucuns lieux elle produit du charbon fort vtile, en d'autres lieux, elle conçoit & engendre du fer, de l'argent, du plomb, de l'estain, de l'or, du marbre, du iaspe, & de toutes especes de mineraux, & especes de terres argileuses, & en plusieurs lieux elle engendre & produit du bitumen, qui est vne espece de gomme origineuse, qui brusle cõme rosine: & aduient souuent, que dedans la matrice de la terre, s'allumera du feu par quelque compression, & quand le feu trouue quelque miniere de bituman, ou de souffre, ou de charbon de terre, ledit feu se nourrist, & entretient ainsi sous la terre: & aduient souuent, que par vn long espace de temps, aucunes montagnes deuiendront vallees par vn tremblemẽt de terre, ou grande vehemence, que ledit feu engendrera, ou bien, que les pierres, metaux, & autres mineraux qui tenoyent la bosse de la montagne se brusleront, & en se consommant par feu, ladite montagne se pourra encliner & baisser petit à petit: aussi autres montagnes se pourront manifester & esleuer, pour l'accroissement des roches & mineraux, qui croissent en icelles, ou bien il aduiendra, qu'vne contree de pays sera abysmee, ou abaissee par tremblemẽt de terre, & alors, ce qui restera, sera trouué montueux: & ainsi, la terre trouuera tousiours dequoy se trauailler, tant és parties interieures, que exterieures. Et quant est de ce que tu te moques, que ie t'ay dit, que les pierres croissent en terre, il n'y a aucune occasion, ni raison de se moquer de moy: mais ceux qui s'en moqueront, se declareront ignorans deuant les Doctes: car il est certain, que si depuis la creation du monde, il n'estoit creu aucune pierre en la terre, il seroit difficile d'en trouuer auiourd'huy vne charge de cheual en tout vn Royaume, sinon en quelques montagnes & deserts, ou autres lieux non habitez, & te donneray à present à cognoistre, qu'il est ainsi que ie t'ay dit. Considere vn peu combien de millions de pippes de pierres, sont iournellemẽt gastees, à faire de la chaux. Item, considere vn peu les chemins, tu trouueras qu'vn nombre infini de pierres, sont reduites en poussiere, par les chariots & cheuaux, qui passent iournellement par lesdits chemins. Item, regarde vn peu trauailler les Massons, quãd ils feront quelque bastiment de pierre de taille, & tu verras que vne bien grande partie de ladite pierre est gastee, & mise en poussiere, ou en farine par lesdits Massons. Il n'y a homme au monde, ni esprit si subtil, qui seust nombrer la grande quantité de pierres qui sont iournellement dissoutes & puluerisees par l'effet l'effet des gelees, non comprins vn nombre infini d'autres accidens, qui iournellement gastent, consument, & reduisent les pierres en terre. Parquoy, ie puis asseurement conclurre, que si les pierres n'eussent esté aucunemẽt formees, creuës, & augmentees depuis la premiere creation escrite au liure de Genese, qu'il seroit auioud'huy difficile, d'en pouuoir trouuer vne seule, sinon comme i'ay dit cy deuant, és hautes montagnes & lieux deserts & non habitez, & sera bien gros d'esprit, celuy qui ne le croira ainsi, s'il a esgard és choses susdites.

Demande.

Donne moy donc quelque raison, qui me face entendre, comment les pierres croissent iournellement entre nous, & lors ie ne t'importuneray plus.

Formation des Pierres et Petrification

Responce.

Sur toutes les choses qui m'ont fait croire & entendre, que la terre produisoit ordinairement des pierres, ç'a esté, parce que i'ay trouué plusieurs fois des pierres, qu'en quelque part qu'on les eust peu rompre, il se trouuoit des coquilles, lesquelles coquilles estoyent de pierre plus dure, que non pas le residu, qui a esté la cause, que ie me suis tourmenté & debatu en mon esprit l'espace de plusieurs iours, pour admirer & contempler, qui pouuoit estre le moyen & cause de cela. Et quelque iour ainsi que i'estois és Isles de Xaintonge, en allant de Marepnes à la Rochelle, i'apperceu vn fossé creusé de nouueau, duquel on auoit tiré plus de cẽt charretees de pierres, lesquelles en quelque lieu ou endroit qu'on les seust casser, elles se trouuoyent pleines de coquilles, ie di si pres à pres, qu'on n'eust seu mettre vn dos de couteau entre elles, sans les toucher: & deslors ie commençay à baisser la teste, le long de mon chemin, à fin de ne voir rien, qui m'empeschast d'imaginer, qui pourroit estre la cause de cela: & estant en ce trauail d'esprit, ie pensay deslors chose que ie crois encore à present, & m'asseure qu'il est veritable, que pres dudit fossé, il y a eu d'autres fois quelque habitation, & ceux qui pour lors y habitoyẽt, apres qu'ils auoyent mãgé le poisson qui estoit dedans la coquille, ils iettoyent lesdites coquilles dedans ceste vallee, où estoit ledit fossé, & par succession de temps, lesdites coquilles s'estoyent dissoutes en la terre, & aussi la terre de ce bourbier s'estoit mondifiee, & les saletez pourries, & reduites en terre fine, comme terre argileuse : & ainsi que lesdites coquilles se venoyent à dissoudre & liquifier, & la substance & vertu du sel desdites coquilles faisoyent attraction de la terre prochaine, & la reduisoyent en pierre auec soy, toutesfois, parce que lesdites coquilles tenoyent plus de sel en soy, qu'elles n'en donnoyent à la terre, elles se congeloyent d'vne congelation beaucoup plus dure, que non pas la terre : mais l'vn & l'autre se reduisoyent en pierre, sans que lesdites coquilles perdissent leur forme. Voila la cause, qui depuis ce temps là, me fit imaginer, & repaistre mon esprit de plusieurs secrets de nature, desquels ie t'en monstreray aucuns. Item, vne autre fois ie me pourmenois le long des rochers de ceste ville de Xaintes, & en contemplant les natures, i'apperceu en vn rocher certaines pierres, qui estoyent faites en façon d'vne corne de mouton, non pas si longues, ni si courbees, mais communement estoyent arquees, & auoyent enuiron demi pied de long. Ie fus l'espace de plusieurs annees, deuant que ie cogneusse qui pouuoit estre la cause, que ces pierres estoyent formees en telle sorte : mais il aduint vn iour, qu'vn nommé Pierre Guoy, Bourgeois & Escheuin de ceste ville de Xaintes, trouua en sa Mestairie vne desdites pierres, qui estoit ouuerte par la moitié, & auoit certaines denteleures, qui se ioignoyent admirablement l'vne dans l'autre : & parce que ledit Guoy sauoit que i'estois curieux de telles choses, il me fit vn present de ladite pierre, dont ie fus grandement resiouy, & deslors ie cogneu, que ladite pierre auoit esté d'autres fois vne coquille de poisson, duquel nous n'en voyons plus. Et faut estimer & croire, que ce genre de poisson a d'autres fois frequenté à la mer de Xaintonge : car il se trouue grand nombre desdites pierres, mais le genre du poisson s'est perdu, à cause qu'on l'a pesché par trop souuent, comme aussi le genre des Saumons se commence à perdre en plusieurs contrees des bras de mer, parce que sans cesse on cerche à le prendre, à cause de sa bonté. I'estois quelque

que fois à Sainct Denis d'Olleron, qui est la fin d'vne Isle de Xaintonge, où ie prins vne vingtaine de femmes & enfans, pour me venir aider à cercher sur les rochers maritimes, certaines coquilles, desquelles i'auois necessairement affaire, & m'estant rendu sur vn rocher, qui estoit iournellement couuert de l'eau de la mer, il me fut monstré vn grand nombre de poisson armé, qui estoit fait en forme d'vn pellon de chastagne, plat par dessous, & vn trou bien petit, duquel il s'attachoit à la roche, & prenoit nourriture par ledit trou : or ledit poisson n'a aucune forme, ains est vne liqueur semblable à l'huitre, toutesfois elle remplist toute sa coquille. Le dehors & dessus de sa coquille, est tout garni d'vn poil dur, & poignant, comme celuy d'vn herisson, aussi ledit poisson s'appelle herisson. Ie fus fort aise de l'auoir trouué, & en ayant prins & emporté vne douzaine en ma maison, ie fus grandement deceu : car quand le dedans de la coquille fut osté, la racine du poil qui tenoit contre la coquille, se putrefia en peu de iours, & ledit poil tomba : & apres que le poil fut tombé, la coquille demeura toute nette, & à l'endroit de la racine de chacun poil, se trouua vne bossette, lesquelles bossettes sont mises par vn si bel ordre, qu'elles rendent la coquille plaisante & admirable. Or quelque temps apres, il y eut vn Aduocat, homme fameux, & amateur des lettres & des arts, qui en disputant de quelque art, il me monstra deux pierres toutes semblables de forme ausdites coquilles d'herisson, qui toutesfois estoyent toutes massiues : & soustenoit ledit Aduocat nommé Babaud, que lesdites pierres auoyent esté ainsi taillees par la main de quelque Ouurier, & fut fort estonné, quand ie luy maintins, que lesdites pierres estoyent naturelles, & trouua fort estrange, que ie disois, que ie sauois bien la cause pourquoy elles auoyent prins vne telle forme en la terre : car i'auois desia consideré, que c'estoit de ces coquilles d'herisson, qui à succession de temps s'estoyent liquifiees, & en fin reduites en pierre, voire que la falcitude de ladite coquille, auoit aussi congelé & reduit en pierre, la terre qui estoit entree dans ladite coquille: or ay-ie recouuert depuis ce temps là plusieurs desdites coquilles, qui sont conuerties en pierre. Voila qui te doit faire croire, que iournellement la terre produit des pierres, & qu'en plusieurs lieux, la terre se reduit en pierre, par l'action du sel, qui fait le principal de la congelation, comme tu peux cognoistre, que pour cause que les coquilles sont salees, elles attirent à soy ce qui leur est propre, pour se reduire en pierre. Item, ay trouué plusieurs coquilles de sourdon, qui estoyent reduites en pierres: toutesfois, elles estoyent massifues, combien qu'elles fussent iointes, comme si le poisson eust esté dedans. Et que diras-tu de ceux qui ont trouué des os d'hommes enclos dedãs des pierres, & autres ont trouué des monnoyes antiques? N'est-ce pas bien attestation, que les pierres augmentent en la terre? Veux-tu encore vn bel exemple? Il y a certaines pierrieres, desquelles la pierre a vn nombre infini de fins, combien qu'elles se tienent en vne masse, si est-ce qu'en mettant des coins par dessous, elle se fendra aisement, & se leuera en sus. Veux-tu sauoir comme on l'a tire, sache que parce que les veines ou fins de ladite pierre, sont en trauersant, Vitruue dit, qu'en couppant ladite pierre, il faut marquer son lict: car si les Massons mettoyẽt la pierre qui estoit couchee en son lict debout, le bout qui estoit de trauers, cela causeroit que ladite pierre se fendroit, & s'esclatteroit, pour la pesanteur de celles qui seroyent mises dessus. Toutes pierrieres ne sont pas ainsi, il y en a aucunes, qui n'ont ne lõg, ne trauers: mais sont si bien cõgelees, qu'on ne regarde pas du costé qu'on les met. Venons à present à la cause, qu'aucunes pierres ont si grand nombre de veines, lesquelles sont aisees à fendre, & pourquoy c'est que les veines ne sont aussi bien descendantes d'en haut, comme elles vont en trauersant. La cause de cela, est, parce qu'au dessus de la pierriere, il y a vne grande espesseur de terres: il est bien vray, que quand la pierre se faisoit, l'eau qui tomboit des pluyes, passant à trauers de ladite terre, prenoit auec soy quelque espece de sel, & l'eau estant descendue iusques à la profondeur du lieu où elle s'arrestoit: ladite

eau

eau ainsi salee, conuertissoit & congeloit la terre où elle estoit arrestee, en pierre : & pour ce coup se formoit vne couche, ou lict, deladite pierre, & ladite pierre estant endurcie, elle seruoit apres de receptacle pour les autres eaux qui tomboyent apres, & passoyent à trauers des terres, iusques audit receptacle, & ayant prins encores vn coup quelque sel en passant par les terres, il se formoit vne autre couche, ou lict, qui se formoit, & se ioignoit auec le premier : & ainsi à diuerses fois, annees, & saisons, plusieurs minieres de pierres ont esté augmentees, & augmentent iournellement en la matrice de la terre. Et il aduient quelque fois qu'vn lict & couche de pierre, aura par dessus quelque couche de terre glueuse, qui causera quelque saleté au dessus du terrier ou lict : les autres eaux qui se congeleront auec la terre, qui est dessus ledit lict, ne se pourroyēt ioindre ou souder ensemble, à cause de la saleté contraire. Donc se commencera vn lict à part, & se trouuera vne separation en ladite roche, que les pierreurs appellent vne fin.

Demande.

Penses-tu me trouuer si beste, que ie croye à present vne telle folie, que tu m'as yci proposee? Ne say-ie pas bien, que si ainsi estoit, que depuis la creation du monde, toutes les eaux & la terre, seroyent conuerties en pierre, & qu'à present les poissons seroyent à sec?

Responce.

Ie t'asseure, que ie ne cogneus onques vne si grande beste que toy, i'ay perdu mon temps de tout ce que ie t'ay dit cy deuant : car tu n'as rien conceu. T'ay-ie pas dit, que tout ainsi que iournellement les pierres estoyent augmētees d'vne part, qu'en cas pareil, elles estoyent diminuees d'vne autre part, & en se diminuant par fractions, brisures, & dissolutions des vents, pluyes, & gelees, lors qu'elles sont dissoutes, elles rendent l'eau, le sel, & la terre, de laquelle elles auoyent prins leur essence?

Demande.

Voire, mais ie voy bien souuent des pierres qui sont fort blanches, & toutesfois, la terre qui est dessus, est noire : s'il y auoit de ladite terre, comme tu dis, la pierre ne seroit ainsi blanche, ains seroit de la couleur de la terre qui est dessus, puis qu'elle a esté formee de partie d'icelle.

Responce.

Si tu auois quelque Philosophie, tu n'eusses ainsi argumenté: car c'est chose certaine, que le sel blanchist la terre en la congelation, & non seulemét la terre, mais plusieurs autres choses, tesmoins les experts alchimistes, qui souuentesfois prendront du sel de tartre, ou du sel de salicor, ou quelque autre espece de sel, pour blanchir le cuiure, & le faire ressembler argent. Le plomb aussi qui est noir, quand il est calciné par la vapeur salcitiue du vinaigre, il se reduit en blanc, de plomb, dequoy la Ceruse est faite, & blanc rasé, qui est la plus blanche de toutes les drogues. Et quant est de ce que tu as allegué, que depuis le commencement du monde, toutes les eaux eussent esté cõuerties en pierre, s'il estoit ainsi cõme ie t'ay dit, tu as fort mal entendu ce poinct: car ie ne t'ay point dit, que toute l'eau qui passoit à trauers des terres, se conuertissoit en pierre, mais seulement vne partie: & qu'ainsi ne soit, qu'il n'y aye de l'eau dedans les pierres, considere celles qu'on fait cuire, pour faire la chaux, & tu trouueras, qu'elles sont pesantes deuant qu'estre cuites, & apres qu'elles sont cuites, elles sont legeres. N'est-ce pas attestation, que l'eau qui estoit iointe auec le sel de la terre, s'est euaporé par la vehemence du feu, & les autres parties sont demeurees alterees, qui cause, que soudain qu'on met de l'eau dessus lesdites pierres de chaux, se trouuans alterees, emboiuent si tres-violemment, que cela les cause soudain reduire en farine? & te faut yci noter, que les pierres qui sont faites d'vn bien long temps, l'eau & les autres parties se sont si bien vnies, qu'elles ne peuuent estre propres à faire la chaux, à cause que leur congelation est plus parfaite, comme ie te feray bien entẽdre, en te parlant des cailloux: mais les pierres bonnes à faire chaux, il n'y a pas long temps qu'elles sont congelees & fermees: & si autrement estoit, qu'ainsi que ie te dis, toutes pierres seroyent bonnes à faire chaux. Et quant est de l'autre poinct, que l'eau qui passe à trauers des terres se reduit en pierre, & que ie t'ay dit, que cela ne s'entendoit pas du tout, ains d'vne partie: considere vn peu la maniere de

faire

faire le salpestre. On fera bouillir l'eau qui aura passé par la terre salpestreuse, & par les cédres: est-ce pourtant à dire, que toute ladite eau se conuertisse en salpestre? Non. Pareillement, toute l'eau qui passe à trauers des terres, ne se conuertist pas en pierre, mais vne partie: & ainsi, il y a bien peu d'endroits en la terre, qui ne soyent foncez de pierre, ou d'vne espece, ou d'autre: car autrement il seroit difficile de trouuer vne seule fontaine.

Demande.

Ie te prie, laisse pour ceste heure le propos des pierres, & me fay vne petite enarration de ces fontaines, puis que le propos s'y presente.

Responce.

Ie t'ay dit cy deuant, qu'il y a bien peu de terre, qui ne soit foncee par dessous de pierres, ou de mines de metaux, ou de terre argileuse, voire bien souuent foncee de toutes les trois especes: dont s'ensuit, que quand les eaux des pluyes tombent de l'air sur la terre, elles sont retenues sur lesdits rochers, & lesdits rochers seruent de vaisseau & receptacle, pour lesdites eaux: car autrement, les eaux descendroyent iusques aux abysmes, ou au centre de la terre: mais estãs ainsi retenues sur les rochers, elles trouuent quelque fois des iointures & veines esdits rochers, & ayans trouué tant peu soit-il d'aspiration, soit terue, ou fente, ou quoy que ce soit, lesdites eaux prendront leur cours deuers la partie pendante, pourueu qu'elles trouuent tant peu soit-il d'ouuerture: & de là vient le plus souuent, que des rochers & lieux montueux sortent plusieurs belles fontaines: & de tant plus elles vienent de loin, sortans & passans par des bonnes terres, d'autant plus lesdites eaux seront saines & purifiees, & de bonne saueur. Aussi communement les eaux qui sortent desdits rochers, sont plus salees, & de meilleur goust, que les autres, parce qu'elles font tousiours quelque peu d'attraction du sel, qui est esdits rochers.

Demande.

Tu reuiens tousiours au propos de ce sel, & on ne te sauroit oster de la teste, qu'il n'y aye du sel aux pierres.

Responce.

Ie ne t'ay pas dit, aux pierres seulement, mais aussi aux cailloux,& en toutes choses.

Demande.

Ie te nie à present, qu'il y aye aucun sel aux cailloux, & te prouueray le contraire, par certains argumens, que tu m'as cy deuant baillez. Tu m'as dit,que les pierres qu'on appelloit gelices ou venteuses,se dissoluoyent à l'humidité du temps, à cause du sel qui estoit en elles : aussi tu m'as dit, que des pierres à faire chaux, l humide s'euaporoit, pour la vehemence du feu : or est-il chose certaine, que les cailloux ne sont suiets à nuls de ces accidens : car ie n'en vis iamais dissoudre par l'iniure du temps, aussi le feu ne chasse aucunement l'humeur desdits cailloux : te voila donques vaincu par tes mesmes raisons.

Responce.

Ie veux à present prouuer mon dire veritable, par les mesmes raisons que tu prens,pour te rendre méteur. Tu dis qu'aux cailloux, il n'y a aucune espece de sel, parce qu'ils ne sont suiets à se dissoudre,ne par eau,ne par feu : cela n'empesche point qu'il n'y en aye, voire beaucoup plus abondamment, que non pas és pierres tendres, bonnes à massonner : & qu'ainsi ne soit, As-tu iamais veu faire verre, qu'il n'y eust du sel? As-tu aussi iamais veu aucun, qui seust faire fondre,ou liquifier les cailloux, sans sel? Il faut necessairement,que pour faire liquifier les cailloux, qu'on y mette quelque espece de sel : or le plus apte pour cest affaire est le salicor, & apres cestuy là, le sel de tartre y est fort propre,car il a pouuoir de cõtraindre les autres choses à se liquifier, combien que d'elles-mesmes soyent liquifiables. Tu m'as dit,que les cailloux n'estoyent suiets à nulle dissolution par humidité,ne par feu : & par là tu as voulu prouuer, qu'ils ne tenoyent point de sel en leur nature, mais tu n'as pas dit ce qui est du caillou : car veritablement,quand il est mis en vne fournaise extremement chaude, comme les fournaises à faire chaux ou verre, ou autres telles fournaises, èsquelles le feu est extrèmement violét, lesdits cailloux se vienét à vitrifier d'eux-mesmes, sans aucune mixtion, qui est vne attestatiõ bien notoire, que les cailloux

cailloux ont en eux grande quantité de sel, qui leur cause se vitrifier, voire que le sel qui est en soy, tient si bien fixes les autres especes, que lesdits cailloux ont retenu leur humeur en telle sorte, qu'ils ne se peuuent iamais exhaller, ains toutes les matieres desdits cailloux sont fixes & inseparables : & qu'ainsi ne soit, pren vn certain poids de verre, qui aura esté fait desdits cailloux & du salicor, fay le chauffer le plus violemmét que tu pourras, si est-ce que tu trouueras encore son poids. Par cy deuant, ie t'auois bien dit, que l'humidité de la pierre de chaux s'exhalloit au feu, mais quant est du sel qui est en ladite pierre, ie ne t'auois pas dit, qu'il fust suiet à exhallation, mais bien à se dissoudre. Voila vne raison qui te doit faire croire, que tant plus il y a de sel en vne pierre, d'autant plus elle est fixe. I'ay encore vn exemple, pour te le mieux prouuer. Il est ainsi, que le verre le plus beau, est fait de sel & de cailloux : or est-il fixe autant que matiere de ce monde, comme ie t'ay dit, toutesfois, il est transparent, qui est signe & apparence euidente, qu'il n'y a guere de terre. Il s'ensuit donc, qu'il y en a bien peu au caillou, & au salicor. Que dirons-nous donc, que c'est de ces matieres ainsi diaphanees? Nous pourrons dire, qu'il n'y a guere autre chose que de l'eau, & du sel, & bien peu de terre : car la terre n'est pas diaphane de soy, & s'il y en auoit quãtité, le verre ne pourroit estre transparent : suiuant quoy, que pourrons nous dire du caillou, sinon qu'il est engendré de semblables matieres que le verre? Et ce, d'autant qu'il est diaphane comme le verre, & aussi suiet à se vitrifier de soy-mesme, sans aucun aide, & la vitrification ne se pourroit faire sans sel. Parquoy, il est à conclurre, que esdits cailloux, il y a vne bonne portion de sel.

Demande.

Tu m'as cy deuant dit, qui estoit la cause que la pierre s'augmentoit assiduellement és minieres, mais quãt est des cailloux, qui sont faits de petites pieces, tu ne m'as pas dit la cause, ne l'origine de l'essence.

Responce.

En ce pays de Xaintonge, nous auons grãde quantité de terres voirreuses, ausquelles se trouue vn nombre de cailloux, qui se forment annuellement en la terre, qui sont fort cornus, & raboteux, & mal plaisans par le dehors : mais par le dedans, ils sont blancs & cristalins, fort plaisans, & propres à faire verres & pierreries artificielles. La cause que lesdits cailloux sont ainsi cornus & raboteux par le dehors, c'est à cause de la place, & lieu où ils ont esté formez, qui est, que quelque temps apres que les herbes & pailles dudit champ ont esté pourries, & qu'il aura demeuré long temps sans pleuuoir, il viédra quelque temps apres, qu'il fera vne certaine pluye, qui prendra le sel de la terre & des herbes, qui auoyent esté pourries dans le champ : & ainsi que l'eau courra le long du seillon du champ, elle trouuera quelque trou de taupe, ou de souris, ou autre animal, & l'eau ayant entré dedans le trou, le sel qu'elle aura amené, prendra de la terre & de l'eau ce qu'il luy en faut, & selon la grosseur du trou & de la matiere, il se congelera vne pierre, ou caillou tel que ie t'ay dit cy dessus, qui sera bossu, raboteux, & mal plaisant, selon la forme de la place, où il aura esté congelé. Veux-tu que ie te donne des raisons, qui m'ont fait cognoistre qu'il est ainsi? Quelque fois ie cerchois des cailloux, pour faire de l'esmail, & des pierres artificielles : or apres auoir assemblé vn grand nombre desdits cailloux, en les voulant piler, i'en trouuay vne quantité qui estoyent creux dedans, où il y auoit certaines pointes, comme celles de diamant, luisantes, transparentes, & fort belles : alors ie me commencay à tormenter, pour sauoir qui estoit la cause de cela, & ne le pouuant entendre par Theorique, ne Philosophie naturelle, il me print desir de l'entendre par pratique, & ayant prins vne bonne quantité de salpestre, ie le fis dissoudre dans vne chaudiere auec de l'eau, laquelle ie fis bouillir : & estát ainsi bouillie & dissoute, ie la mis refroidir, & l'eau estant froide, i'apperceu que le salpestre s'estoit congelé aux extremitez de la chaudiere, & lors ie vuiday l'eau de ladite chaudiere, & trouuay que les glaçons du salpestre estoyent formez par quadratures & pointes fort plaisantes. Quoy consideré deslors en mon esprit, ie vi, que les cailloux dont ie t'ay parlé, estoyent aussi congelez : mais ceux qui se trouuerent massifs, c'est signe & euidéte preuue, qu'il y auoit assez de matiere pour remplir la fosse, &

ceux

ceux qui estoyent creux, c'est qu'il y auoit vne superfluité d'eau, laquelle s'estoit desechee, pendant que la congelation se faisoit aux extremes parties: & quãd l'humidité du milieu se desechoit, les matieres propres pour le caillou, demouroyẽt fermes & congelees par le dedans, comme petites pointes de diamant. Ie ne te dis chose, que ie ne te mõstre dequoy, si tu veux venir en mon cabinet, car ie te monstreray de toutes especes de pierres, que ie t'ay parlé. I'ay trouué quelques especes de cailloux, qui ont vn trou ou canal, qui passe tout à trauers desdits cailloux, cela m'a fait asseurement croire, que l'eau qui apportoit les matieres du caillou, passoit tout à trauers, pendãt que ledit caillou se congeloit: & parce que le cours de l'eau ne trouuoit aucune fermure qui l'arrestast, elle a tousiours passé à trauers dudit caillou, & en passant en ceste sorte, la vistesse de l'eau, a empesché qu'il ne se fist congelation au milieu dudit caillou: dont s'en est ensuiui, que le caillou est demeuré creux, comme vne canelle tout à trauers. Tu peux prẽdre cest exemple par les ruisseaux courãs au temps des gelees, lesquels se cõgelẽt aux extremitez, mais non pas au cours principal, à cause de la vistesse de l'eau. Il y a vn autre exemple, qui m'a fait croire, que les pierres ont esté cõgelees de certaine liqueur, par la vertu du sel. Quelque fois ainsi q̃ i'allois de Xaintes à Marepnes, passant par les brãdes de Sainct Sorlin, ie vi certains manouuriers, qui tiroyent de la terre d'argile, pour faire de la thuile: & ainsi que i'estois arresté, pour contẽpler la nature de la terre susdite, i'apperceu vn grand nombre de petis tourteaux de marcacites, qui se trouuoyẽt parmi ladite terre: & ayant contemplé plus outre, ie cogneus que lesdites pierres de marcacites auoyent vne forme telle, comme si quelqu'vn auoit coulé de la cire fondue petit à petit auec vne cueillere: car lesdites marcacites estoyẽt faites par rotõditez cõglacees, la premiere plus euasee que la secõde, & la secõde plus que la tierce, & cõsequément toutes les circulations & rotõditez, estoyẽt faites en appetissant, en mõtãt en haut, & en la fin de ladite pierre, il y auoit vne pointe, q̃ me faisoit naturellemẽt cognoistre, que c'estoit la fin & derniere goutte de la liqueur, q̃ auoit distillé lors que lesdites marcacites se cõgeloyẽt: si de cela tu ne me veux croire, va t'en ausdits terriers, & tu trouueras quantité desdites marcacites, & si tu les gardes lõg temps, tu trouueras qu'elles chaumeniront, & taste au bout de la langue, & tu trouueras qu'elles sont salees, qui te fera croire, que les metaux ont en eux du sel, aussi bien comme les pierres: car les marcacites ne sont autre chose, que commencement de quelque metal: & qu'ainsi ne soit, pren deux desdites pierres, & les frote l'vne contre l'autre, & tu trouueras qu'elles sentiront comme le souffre, & mesme si tu les frappes, il en sortira du feu, comme fait des autres mines de metaux. Ie te veux alleguer encore vn exemple de la congelation des cailloux. Quelque fois que i'estois à Tours durant les grands iours de Paris, qui estoyent lors audit Tours, il y eut vn grãd Vicaire dudit Tours, Abbé de Turpenay, & maistre des requestes de la Royne de Nauarre, homme Philosophe, & amateur des lettres, & des bonnes inuẽtions, il me monstra en son cabinet plusieurs & diuerses pierres: mais entre toutes les plus admirables, il me monstra vne grãde quantité de cailloux blancs, formez à la propre semblance de dragees de diuerses façons, & en faisoit ledit Abbé plusieurs presens, comme de chose admirable: quelques iours apres, il me mena en son Abbaye de Turpenay, & en passant par vn village, qui est le long de la riuiére de Loire, il me monstra vne grande cauerne, par laquelle on alloit bien auant sous terre, par le dessous des rochers: & me dist, qu'au dedans de ladite cauerne, il y auoit vn rocher, duquel tomboit de l'eau par petites gouttes, bien lentement: & en distillant, elle se congeloit, & se reduisoit en vne masse de caillou blanc, & me dit, qu'on mettoit par dessous l'eau qui distilloit, de la paille, à fin que les gouttes qui distilleroyẽt, se cõgelassent sur ladite paille, pour faire des dragees de diuerses façons, & m'asseura ledit Abbé, que la dragee qu'il m'auoit monstree, auoit esté prinse en ce lieu là, & qu'elle auoit esté faite par le moyen susdit: aussi plusieurs gens dudit village m'attesterent la chose estre telle. Tu peux bien donc croire à present, que l'eau des pluyes qui passe à trauers des terres, qui sont au dessus du rocher, apporte quelque espece de sel, qui cause la congelation de ces pierres, qui est le propos que ie t'ay tousiours tenu. Cela se peut encores au-

iour

iourd'huy verifier : nous pouuons aussi iuger par là, que le cristal, & autres pierres transparentes, sont congelees la plus grand part d'eau & de sel.

Demande.

Par quel argument me voudrois-tu faire croire, que le cristal soit fait d'vne eau congelee?

Responce.

I'auois vne fois vne boule de cristal, qui estoit bien nette, ronde, & bien polie : quand ie la regardois en l'air, i'apperceuois certaines estincelles à trauers dudit cristal, apres, ie prenois vne phiole pleine d'eau bien claire, & voyois aussi des buettes ou estincelles semblables à celles du cristal. Ie prenois aussi vne piece de glace, & la regardois en l'air, & en cas pareil, i'apperceuois des petites buettes & estincelles comme dessus : & me sembloit, que les trois choses susdites se ressembloyent de couleur, de pesanteur, & de froidure. Voila qui me donna occasion d'entendre & cognoistre, que toutes les pierres transparentes, sont la plus-part de matiere aineuse, & de tant plus elles sont aineuses, elles resistent plus vaillamment au feu, & de tant plus qu'elles sont de nature froide, de tant plus elles se cassent en se froidissant, quãd elles sont vne fois eschauffees.

Demande.

Entre toutes les choses que tu m'as conté de la croissance des pierres, ie ne trouue rien si estrange, que ce que tu m'as dit des varaines : car tu dis qu'en ceste terre là, il y a quelque espece de sel, qui cause la congelation desdites pierres.

Responce.

Veux-tu que de cela ie te donne presentement vn bon argument? Va t'en à vn four à chaux, duquel le mortier sera fait de ladite varaine, si ledit four a chauffé deux ou trois fois, tu verras que son mortier se sera vitrifié. I'en ay veu aucũs duquel le mortier estoit si fort vitrifié, qu'il y auoit plusieurs tetines de verre, qui pendoyent és voltes dudit fourneau. Penses-tu que la terre se fust ainsi vitrifiee, s'il n'y auoit quelque espece de sel? Tu trouuerois bien estrange, si quelqu'vn te disoit, qu'il y a du bois, qui se reduist en pierre : il te fascheroit beaucoup de le croire, toutes-

G

fois, ie croy qu'il est ainsi : & say bien les causes pourquoy cela se fait. Il y a vn Gentil-homme pres de Perchorade, qui est l'habitation & Ville du Viscomte d'Orto, cinq lieux distante de Bayonne, lequel Gentil-homme est Seigneur de la Mothe, & est Secretaire du Roy de Nauarre, homme fort curieux, & amateur de vertu : il se trouua quelque fois à la Court, en la compagnie du feu Roy de Nauarre, auquel temps il fut apporté audit Roy, vne piece de bois, qui estoit reduite en pierre, dõt plusieurs furent esmerueillez : & apres que ledit Sieur, eust receu ladite pierre, il commanda à vn quidam de ses seruiteurs, de la luy serrer auec ses autres richesses : lors le Seigneur de la Mothe, Secretaire susdit, pria ledit quidam de luy en donner vn petit morceau, ce qu'il fit, & ledit de la Mothe, passant par ceste ville de Xaintes, m'en fit vn present, sachant bien à la verité, que i'estois curieux de telles choses, cela te peut estre dur à croire : mais de ma part, ie say à la verité, qu'il est ainsi, & depuis, ie me suis enquis, d'où c'estoit, que le bois reduit en pierre, auoit esté apporté : il me fut dit, qu'il y auoit vne certaine forest de Fayan, qui estoit vne partie marescageuse, dont ie conclus en mon esprit, que le bois de Fayan, tient en soy plus de sel, que nulle autre espece de bois : parquoy, il faut croire, que quand ledit bois est pourri, & que son sel est humecté, il reduit le bois, qui est desia pourri, en espece de fumier, ou terre, & deslors, le sel qui est dissout dudit bois, endurcist l'humeur pourrie du bois, & la reduist en pierre, qui est la mesme raison, que ie t'ay dit des coquilles, c'est, que pour se mollifier & reduire en pierre, elles ne perdent aucunement leur forme : semblablement, le bois estant reduit en pierre, tient encore la forme du bois, tout ainsi comme les coquilles. Et voila comment nature n'est pas si tost destruite d'vn effet, qu'elle ne recommence soudain vn autre, qui est ce que ie t'ay tousiours dit, que la terre & autres elemens, ne sont iamais oisifs. Sais-tu ce qui me fait croire, que le bois de fayan est plus apte à reduire en pierre, que non pas les autres bois? C'est parce qu'il a en soy vne si grande quantité de sel, qu'il y a aucunes verrieres de verre de vitre, où apres qu'ils ont chauffé leur fourneau dudit Fayan, ils prenent la cendre, pour se seruir à faire verres

de vi

de vitres, en lieu de salicor, ou de fougere. Il ne faut donc trouuer estrange, si ledit bois estant pourri, est propre pour se reduire en pierre, attendu qu'il est propre & vtile à faire verres: car tout bien consideré, le verre n'est autre chose, qu'vne pierre. Pourquoy est-ce que tu trouues estrange, que ie dis, que les pierres s'engendrent annuellement en la terre, veu qu'elles s'engendrent bien dedans le corps des hommes, & dedans la teste des bestes? Il n'est pas iusques aux limaces rouges, qui n'en ayent. Les Medecins disent, que les poissons portans coquilles, sont dangereux d'engendrer la pierre, c'est vne attestation, de tout ce que i'ay dit cy deuant, que si le poisson qui porte coquille, engendre la pierre, la coquille a esté formee de la propre substance du poisson: & ainsi, ils sont d'vne mesme nature. Ie finiray donc mon propos, en concluant, que tout ce que i'ay dit cy dessus, contient verité. Combien que i'eusse cy deuant conclu, ce que ie pretendois traitter de l'essence des pierres, & de l'action du sel, si est-ce, qu'à fin que le secret que i'ay donné des fumiers, serue à l'vniuersel, & qu'on ne mesprise en cest endroit mon conseil, pour tousiours mieux asseurer, que le sel a affinité auec toutes choses, & que sans icelluy, toutes choses se putrefieroyent soudain, i'ay voulu encore t'aduertir, que i'ay leu quelque historien, qui dit, qu'en Arabie se trouue quelques Contrees de pierre de sel, desquelles on bastist les maisons. Tu ne dois donc trouuer estrange, si ie t'ay dit, que les cailloux, qui sont transparens comme verres, sont congelez par le sel. Et quant à ce que ie t'ay dit, qu'aucunes pierres se consomment à l'humidité de l'air, ie te dis à present, non seulement les pierres, mais aussi le verre, auquel y a grande quantité de sel: & qu'ainsi ne soit, tu trouueras és temples de Poitou, & de Bretagne, vn nombre infini de vitres, qui sont incisees par le dehors, par l'iniure du temps, & les vitriers disent, que la Lune a ce fait, mais ils me pardonneront: car c'est l'humidité des pluyes, qui a fait dissoudre quelque partie du sel dudit verre : ie te dis derechef, que le sel fait des congelations merueilleuses. Les Alchimistes en ont senti quelque chose : car ils se tourmentent fort apres ces sels preparez. Il me souuient auoir veu vn potier, qui faisoit brier du plomb calciné à vn moulin à bras : & ainsi qu'on luy annonça l'heure du disner, il enuoya ses seruiteurs deuant, & print vne pongnee de sel cōmun, & le mesla parmi sondit plomb, qui estoit destrampé clair comme eau, & l'ayant meslé, il dōna deux ou trois tours à son moulin, à fin que ses seruiteurs n'apperceussent le beau secret, qui luy auoit esté apprins, de mettre du sel dedās son plomb, pour faire la couleur plus belle, mais au retour du disner, ce fut vne fort belle risee : car il trouua que le sel, le plomb, & l'eau, s'estoyēt si bien endurcis, & congelez, par la vertu du sel, qu'il ne fut possible de plus virer les meules, & estoit le dessus & le dessous si bien prins l'vn à l'autre, qu'il fut difficile de les separer. Voila vne histoire, que ie t'ay voulu dire, pour mieux t'asseurer, que le sel a vertu de congeler & les metaux, & les pierres.

Demande.

Puis que tu as cerché la maniere de cognoistre ainsi les pierres & cailloux, & l'effet de leur essence, me saurois-tu donner quelque raison, des douze pierres rares, lesquelles Sainct Iean en son Apocalypse, prend comme par vne figure des douze fondemens de la Saincte Cité de Ierusalem? Car il faut entendre, que les douze pierres sont dures & indissolubles, puis que Sainct Iean les prend par figure d'vn perpetuel bastiment.

Responce.

Le Iaspe, qui est vne desdites pierres, est vne eau qui a passé par beaucoup de terres, & en passant, elle a prins la substance salcitiue, & est tōbee sur vn certain receptacle, & estāt ainsi cheute, deuant qu'estre congelee, sont tombees autres gouttes d'eau, qui en passant à trauers des terres, ont trouué quelque espece de marcacites, ou metaux parfaits, & ayant prins teinture ès choses susdites, les gouttes d'eau, qui estoyent ainsi teintes, sont cheutes sur l'autre eau : & ainsi, l'eau teinte tombant sur la blanche, a fait plusieurs figures, ydees, ou damasquinees en ladite pierre de iaspe. Et parce qu'vne partie de l'eau a apporté auec soy vne

vne substance de sel metallique,la congelation de la pierre, s'est faite merueilleusement dure, & sa dureté est cause, que, quand ladite pierre est polie,le polissement est merueilleusement beau, & ses figures fort plaisantes.

Quant est du Calcidoine, ie t'en dis en cas pareil.

La Thopasse,est vne eau, qui aussi a passé par quelque miniere de fer, où elle a prins sa teinture iaune, & de là vient, que la substance metallique,luy donne quelque dureté d'auantage.

L'Esmeraude, est vne eau fort nette, qui a passé à trauers des minieres d'airain,ou de couppe-rose,delaquelle l'airain est fait, & là a prins sa teinture de verre, & le sel qui a causé sa congelation: car ladite couppe-rose n'est autre chose que sel, qui est tousiours tesmoignage de ce que ie t'ay dit cy deuant.

La Turquoise, est aussi vne eau,qui a distillé & passé par certaines veines des minieres d'airain & de souphre, & de là vient, qu'elle tient aucunement couleur des deux especes des mineraux,& y a parmi lesdites especes, quelque quantité de terre, qui cause que ladite pierre n'a point de transparence, comme l'Esmeraude.

Le Saphyr, est comme dessus, vne eau bien pure, mais parce qu'elle a passé par quelque miniere de souphre, elle tient vn peu de la couleur & teinture dudit souphre.

Le Diamant, n'est autre chose qu'vne eau, comme le cristal, mais il est congelé par quelque rare espece de sel,pur & monde, lequel est tellement endurci en sa congelation,qu'il est plus dur que mille des autres pierres: & faut yci noter, que son excellēte beauté procede en partie de sa dureté, & ce, d'autant que le polissement est plus beau, de tant plus que la pierre est dure. Les Lapidaires disent ainsi,voila vn Diamant qui a vne belle eau, ils parlent bien, mais il y a du cristal, que s'il estoit ainsi dur qu'est le Diamant, il se trouueroit aussi lumineux & excellent en beauté, comme le Diamant, & ne cognoistroit-on aucunement la difference de l'vn auec l'autre.

Demande.

Iusques yci tu as tousiours persisté, en disant, qu'en toutes especes de pierres il y auoit du sel, i'en ay rompu plusieurs, &

principalement certains cailloux, qui auoyent la propre semblance de sel : toutesfois, quand ie tastois à la langue, ie n'y trouuois aucune saueur.

Responce.

Cela n'empesche point, qu'il n'y aye du sel : si tu tastes à la langue vne pesle d'airain, tu n'y trouueras aucun goust : toutesfois, l'airain est venu de couppe-roze, qui n'est autre chose que sel. Veux-tu bien sauoir la cause pourquoy en tastant à la langue, tu n'apperçois aucun goust de sel? La cause est, parce que les matieres sont si bien fixes, qu'elles ne se peuuent dissoudre par l'humidité de la langue, comme fait le sel commun. Le sel commun, la couppe-roze, le vitriol, l'alun, le sel armoniac, & le sel de tartre, toutes ces especes, soudain qu'elles sont tant peu soit-il humectees du bout de la langue, elles se dissoudét, & lors la langue trouue aisement le goust, parce que l'humidité de ladite langue fait attraction, & dilate les parties de toutes ces especes de sels : mais quand vn sel est bien fixe auec l'eau, & la terre, ou autres choses à luy iointes, lors il ne se peut dissoudre, que par bonne Philosophie, ou par le moyen & pratique de Philosophie. Exemple, Le verre est la plus grand' partie de sel & d'eau, ie dis de sel, à cause du salicor, qui est vn sel d'herbe : apres, ie dis d'eau, parce que les cailloux ou sable ioints au sel de salicor, sont partie d'eau & de sel. Or est-il ainsi, que si tu tastes vn verre à la langue, tu n'as garde de le trouuer salé, combien que ce ne soit la plus grande partie que sel : Qui est donc la cause que l'humidité de la langue, ne peut faire attraction de la saueur dudit sel? C'est pour la mesme cause que i'ay dit, que les matieres terrestres, aineuses & salcitiues, sont si bien iointes ensemble, qu'elles ne se peuuent dissoudre, sinon par industrie & pratique. Vn iour vn Alchimiste trouua fort estrange, que ie luy dis, que ie tirerois du sel d'vn verre, il pensoit estre bon Philosophe, mais il n'auoit pas encore pratiqué iusques là, combien que la chose fust assez aisee. Ie ne te parleray plus de ces choses, sachant bien, que si tu ne reçois les raisons que ie t'ay donnees, ce seroit folie, de t'en monstrer d'auantage.

Demande.

Ie ne t'en feray aussi plus de question : mais ie voudrois que tu tu m'eusses dit quelque chose de l'essence des metaux.

Responce.

C'est vne regle bien accordee entre les Philosophes, que les metaux sont engendrez de souphre & d'argent vif, ce que ie leur accorde: ce neantmoins, il y a quelque espece de sel, qui aide à la congelation. Nous ne pouuons nier, que l'argent, l'estain, le plomb, & le fer, ne tienent la plus grand part de la couleur, & du poids de l'argent vif. Item, nous sauons, qu'auparauant que les metaux soyent purifiez, ils sentent le souphre, & toutesfois ie ne puis accorder, que le souphre qui estoit à la miniere d'argent, soit fixe auec ledit argent, parce que les Orpheures disent, que le souphre empesche de souder l'argent, & est grandement ennemi de la forge d'argent. Bien croiray-ie, que ledit souphre aye aidé à la discretion dudit argent, & qu'ainsi que la miniere estoit à la fournaise, le souphre se soit exhallé. Quant est de l'or, les Philosophes disent, qu'il est engendré de souphre rouge, & de vif argent, voulans dire par là, que le souphre rouge a donné la teinture à l'or. Quant est de moy, ie ne vi onques souphre rouge, mais quād ainsi seroit, qu'il s'en trouueroit quantité, si ne pourrois-ie accorder, que l'or print sa teinture dudit souphre: car il faut necessairement, que ce qui a teint ledit or, soit de plus haute couleur q̄ rouge: car vn rouge ne peut augmēter vn autre rouge, sans se palesir. Ie crois plustost, que la teinture de l'or seroit venue de l'antimoine q̄ nō pas du souphre: & ce, à cause q̄ sa teinture jaune, est de si haute couleur, qu'vne liure d'antimoine pourra teindre vn grād nōbre de liures d'argēt vif, ou autre metal blanc. Ie suis fort esmerueillé, comment on peut croire, que l'or puisse seruir à restaurer les personnes, sans estre dissout, c'est pour les mesmes causes, q̄ ie t'ay dit, que tu ne peus trouuer le goust du sel, si premierement il ne se dissout: & si ainsi est, qu'on ne trouue point de saueur és pierres salees, ausquelles le sel est fixe parfaitement, combien moins de goust trouuera vn malade en l'or, s'il n'est dissout? Or il est ainsi, qu'il n'y a rien plus fixe que l'or: tu l'as beau tremper & bouillir, tu n'as garde de le dissoudre. Il me semble que la nourriture de l'homme, est en ce que son estomac cuist & dissout les choses qu'il prend par la bouche,& puis la substance se depart par toutes les parties du corps, & voila vne nourriture & restaurant: mais comment l'estomac d'vn homme debile, & quasi mort, pourra-il dissoudre l'or, & le departir par toutes les parties de son corps, veu que les fournaises, voire mesme eschauffees d'vne chaleur plus que violente, ne le peuuent consommer? Il faudroit que l'estomac de l'homme malade, fust plus chaut que les fournaises, ou ie n'y entens rien. Vray est, qu'aucuns Philosophes Alchimistes, disent sauoir rendre l'or en eau par quelque dissolution: veritablement s'ils le peuuent dissoudre, il est potable: or venons à present à sauoir, si estant potable, il peut seruir de nourriture. Les Philosophes disent, qu'il est de souphre, & d'argent vif, estant donc dissout, ce sera du souphre, & de l'argēt vif, que tu donneras à boire aux malades, autre chose n'en peux-tu tirer, que ce qui y a esté mis, & toutesfois tu dis, que le vif argēt, est vne poison. Veux-tu donc nourrir le malade de poison, pour le restaurer? Ie ne puis entēdre autremēt cest affaire: parquoy, ie m'en tairay pour le present, & le laisseray disputer à ceux qui le croyent autrement que moy.

Demande.

Comment oses-tu tenir vn tel propos, contre la commune opinion de tous les Medecins? Car il ne fut onques, qu'on ne fist du restaurant d'or.

Responce.

Ie ne t'ay pas dit mal des Medecins, i'en serois bien marri: car il y en a en ceste Ville, à qui ie suis grandement tenu, & singulieremēt à Monsieur l'Amoureux, lequel m'a secouru de ses biens, & du labeur de son art: toutesfois, comme par vne maniere de dispute, ils ne doiuent trouuer mauuais, si ie dis ce qu'il m'en semble. Ie say bien, que plusieurs Medecins & Apoticaires ont fait bouillir de l'or dans les ventres des chapons gras, pour restaurer les malades, & disoyent, que l'or se diminuoit, ce qu'on n'a garde de me faire croire: tu l'as beau bouillir & fricasser, tu n'as garde de le faire amoindrir de poids. Si le sel, ou gresse du pot fait trouuer sa couleur plus pale sur la superficie seulement, cela ne fait rien contre mon opinion. Si l'or se pouuoit diminuer

minuer en bouillant, les Alchimistes auroyent gagné le prix, & ne se faudroit tant travailler pour dissoudre l'or: car apres qu'ils en auroyent fait bouillir vne grande quantité, ils prendroyent l'eau, où ledit or auroit esté bouilli, & ayant fait euaporer l'humide, ils trouueroyent l'or au fonds de leur vaisseau, duquel ils se seruiroyent, à ce qu'ils pretendent. Ie te demande, Sais-tu que c'est à dire restaurant? N'est-ce pas à dire nourriture & reparation de nature? Veux-tu vn peu penser l'effet & le naturel des choses qui restaurent les corps des humains? Considere vn peu toutes les choses qui sont bonnes à manger & à restaurer, & tu trouueras, que soudain qu'elles sont sur la langue, elles se commencent à dissoudre: car autrement, la langue ne pourroit iuger de la saueur de la chose: & si la langue ne reçoit aucune saueur, ni goust bon, ne mauuais de ce qui luy est presenté, tu peux par là aisément iuger, que le ventre, ne l'estomac ne pourront aussi receuoir quelque saueur de ce qui leur sera presenté. Considere aussi que nulle chose n'est bonne pour nourriture, que d'elle-mesme ne soit suiette à s'eschauffer, corrompre, & putrefier: c'est vn argument bien notable, pour soustenir mon propos. Or il est ainsi, que l'or n'est suiet à nul de ces accidés: tu as beau appiler des escus ensemble, ils n'ont garde de s'eschauffer, ne putrefier, comme font les choses bonnes à manger. Que diras-tu là? As tu quelque chose, pour legitimement contredire à ce propos? Peut estre que tu diras, qu'il faut croire les Doctes & Anciens, qui ont escrit ces choses, il y a vn bien long temps, & qu'il ne se faut arrester à mon dire, d'autant que ie ne suis ne Grec, ne Latin, & que ie n'ay rien veu des liures des Medecins. A ce ie respons, que les Anciens estoyent aussi bien hommes comme les Modernes, & qu'ils peuuét aussi bien auoir failli comme nous: & qu'ainsi ne soit, regarde vn peu les œuures d'Ysidore, & du Lapidaire, & de Dioscorides, & plusieurs autres autheurs anciens: quand ils parlent des pierres rares, ils disent, que les vnes ont vertu contre les diables, & les autres, contre les sorciers, & les autres, pour rendre l'homme constant, plaisant, beau, & victorieux en bataille, & plus d'vn millier d'autres vertus, qu'ils attribuent ausdites pierres. Ie te demande, N'est-ce pas vne fausse opinion, & directement contre les authoritez de l'Escriture Saincte? Si ainsi est, que ces Docteurs anciens, & tant excellens ayent erré en parlant des pierres, pourquoy est-ce que tu me voudrois nier, qu'ils ne puissent auoir erré, en parlant de l'or? Si tu dis, que peut estre que l'or estant dans le corps, a pouuoir d'attirer à soy les mauuaises humeurs, comme l'emant tire le fer, ie te demãde, Pourquoy est-ce donc, que tu le separes en tant de parties? Car les vns le mangent estant limé, & les autres battu par fueilles, & d'espece bien menu: or si l'emant estoit ainsi puluerisé, il n'auroit pouuoir d'attirer le fer, comme il a, estant ioint en vne masse. Parquoy, ie conclus, que si on ne me donne meilleure raison, que celles que i'ay alleguees, ie ne saurois croire, que l'or peust restaurer vn malade, non plus que feroit du sable dedans l'estomac, & ce, d'autant qu'il est impossible à nul estomac, le pouuoir dissoudre.

Demande.

Dés le premier commencemẽt de nostre propos, tu m'as dit, que tu cerchois vn lieu montueux, pour edifier vn iardin de plaisance: tu sais que i'ay trouué fort estrange vne telle opinion: & toutesfois, tu ne m'as aucunement contenté, comme des autres choses, que nous auons parlé. Ie voudrois te prier, de m'en donner quelque raison.

Responce.

Es-tu encore si ignorant, que tu ne saches, qu'il ne fut iamais montagne, qu'au pied d'icelle n'y eust vne vallee? Quand ie t'ay dit, que ie cerchois vn lieu montueux, pour edifier mon iardin, ie ne t'ay pas dit, que ie voulois faire le iardin sur la montagne: mais pour auoir la commodité du iardin, il faut necessairement, qu'il y aye des montagnes aupres d'iceluy.

Demande.

Ie te prie, me faire vn discours de l'ordonnance du iardin que tu veux edifier.

Responce.

Le propos sera bien prolixe, mais toutesfois ie te le feray assez bien entendre. Il est impossible d'auoir vn lieu propre pour faire vn iardin, qu'il n'y aye quelque fontaine ou ruisseau, qui

passe

passe par le iardin : & pour ceste cause, ie veux eslire vn lieu planier au bas de quelque montagne, ou haut terrier, à fin de prendre quelque source d'eau dudit terrier, pour la faire dilater à mon plaisir par toutes les parties de mon iardin, & alors ayant troué telle cōmodité, ie designeray & ordōneray mon iardin de telle inuētion, q̄ iamais hōme n'a veu le semblable. Et m'asseure, qu'ayāt trouué ce lieu, ie feray vn autāt beau iardin, qu'il en fut iamais sous le ciel, hors-mis le iardin de Paradis terrestre.

Demande.

Et où pēses-tu trouuer vn haut terrier, où il y aye quelque source d'eau, & vne plaine au bas de la montagne, cōme tu demādes?

Responce.

Il y a en France, plus de quatre mille maisons nobles, où ladite commodité se pourroit aisement trouuer, & singulieremēt le long des fleuues, comme tu dirois le long de la riuiere de Loire, le long de la Gironde, de la Garonne, du Lot, du Tar, & presque le long des autres fleuues. Cela n'est point impossible quant à la commodité : ie penserois trouuer bien tost vn lieu commode le long d'vne riuiere.

Demande.

Di moy donc cōment tu pretēs orner ton iardin, apres que tu auras acheté la place. *Responce.*

En premier lieu, ie marqueray la quadrature de mon iardin, de telle lōgueur & largeur q̄ i'auiseray estre requise, & feray ladite quadrature en quelque plaine, qui soit enuirōnee de montagnes, terriers, ou rochers, deuers le costé du vent de Nord, & du vent d'Ouëst, à fin q̄ lesdites montagnes, terriers, ou rochers, me seruēt és choses que ie te diray cy apres. I'auiseray aussi de situer mon iardin au dessous de quelque source d'eau, sortant desdits rochers, & venāt de lieu haut, & ce fait, ie feray madite quadrature : mais quoy qu'il soit, ie veux edifier mon iardin en vn lieu, où il y aye vne pree par dessous, pour sortir aucunesfois dudit iardin en la pree : & ce, pour les causes qui seront desduites cy apres, & ayant ainsi fermé la situation du iardin, ie viendray lors à le diuiser en quatre parties esgales, & pour la separation desdites parties, il y aura vne grand hallee, qui croisera ledit iardin,& aux quatre bouts de ladite croisee, il y aura à chacun bout vn cabinet, & au milieu du iardin & croisee, il y aura vn amphitheatre tel que ie te diray cy apres, aux quatre anglets dudit iardin. Il y aura en chacune vn cabinet, qui sont en nombre huit cabinets,& vn amphitheatre, qui seront edifiez au iardin : mais tu dois entendre, que tous les huit cabinets seront diuersement estoffez, & de telle inuention, qu'on n'en a encore iamais veu, ni ouy parler. Voila pourquoy, ie veux eriger mon iardin sur le Pseaume cent quatre, là où le Prophete descrit les œuures excellentes, & merueilleuses de Dieu, & en les contemplant, il s'humilie deuant luy, & commande à son ame de louer le Seigneur en toutes ses merueilles. Ie veux aussi edifier ce iardin admirable, à fin de donner occasion aux hommes de se rendre amateurs du cultiuement de la terre ; & de laisser toutes occupations, ou delices vicieux,& mauuais trafics, pour s'amuser au cultiuement de la terre.

Demande.

Ie te prie me designer, ou me faire vn discours de ces beaux cabinets, que tu pretens ainsi eriger.

Responce.

En premier lieu, tu dois entendre, que ie feray venir la source d'eau, ou partie d'icelle, du rocher, aux huit cabinets susdits. Ce qui me sera assez aisé à faire: car ainsi que l'eau distillera de la montagne, ou rocher, ie prendray sa source,& la meneray par toutes les parties de mon iardin, où bon me semblera:& en donneray à chacun cabinet vne portion, ainsi que ie verray estre necessaire,& edifieray mes cabinets de telle inuention, que de chacun d'eux sortira plus de cét pisseures d'eau :& ce, par les moyés que ie te feray entendre, en te faisant le discours de la beauté des cabinets. Venons donc au discours de tous mes cabinets l'vn apres l'autre.

Du premier Cabinet.

Le premier cabinet, qui sera deuers le vent du Nord, au coin & anglet du iardin, au bas,& ioignant le pied de la montagne ou rocher, ie le bastiray de briques cuites, mais elles seront formees de telle sorte, que ledit cabinet se trouuera ressembler la forme

d'vn

d'vn rocher, qu'on auroit creusé sur le lieu mesme, ayãt par le dedans plusieurs sieges concaues au dedans de la muraille, & entre deux d'vn chacun des sieges, il y aura vne colomne, & au dessous d'icelle, vn piedestal, & au dessus des testes des chapiteaux des colomnes, il y aura vn architraue, frise & corniche, qui regnera autour dudit cabinet: & au long de la frise, il y aura certaines lettres antiques pour heruer ladite frise, & aussi au long de ladite frise, y aura en escrit, Dieu n'a prins plaisir en rien, sinon en l'homme, auquel habite Sapience: & ainsi, mon cabinet aura ses fenestres deuers le costé du Midi, & seront lesdites fenestres, & entree dudit cabinet, en maniere d'vn rocher: aussi ledit cabinet sera du costé du Nord, & du costé du Ouest, massonné contre les terriers, ou rochers, en telle sorte, qu'en descendant du haut terrier, on se pourra rendre sur ledit cabinet, sans cognoistre qu'il y aye aucun bastiment dessous, & à fin de rendre ledit cabinet plus plaisant, ie feray planter sur la voste d'iceluy plusieurs arbrisseaux, portans fruits, bons pour la nourriture des oiseaux, & aussi certaines herbes, desquelles ils sont amateurs de la graine, à fin d'accoustumer lesdits oiseaux à se venir reposer, & dire leurs chansonnettes sur lesdits arbrisseaux, pour donner plaisir à ceux qui seront au dedans dudit cabinet & iardin, & le dehors dudit cabinet sera massonné de grosses pierres de rochers, sans estre polies, ni incisees, à fin que le dehors dudit cabinet n'aye en soy aucune forme de bastiment: & en massonnant le dehors dudit cabinet, i'ameneray vn canal d'eau, lequel ie feray passer au dedans de la muraille, & estant ainsi massonné dans le mur, ie le dilateray en plusieurs parties de pisseures, qui sortiront par le dehors dudit cabinet, en telle sorte, que ledit cabinet ressemblant vn rocher, on pensera que lesdites pisseures sortent dudit cabinet, sans aucun artifice, à cause que le dehors d'iceluy cabinet, semblera vn rocher, & lesdites pisseures estans cheutes, se rendront à vn certain lieu, que ie te diray cy apres: mais ie te veux premierement discourir la beauté du polissemẽt du dedans du cabinet. Quand le cabinet sera ainsi massonné, ie le viendray couurir de plusieurs couleurs d'esmails, depuis le sommet des vostes, iusques au pied & paué d'iceluy: quoy fait, ie viendray faire vn grand feu dedans le cabinet susdit : & ce, iusques à tant que lesdits esmails soyent fondus ou liquifiez sur ladite massonnerie : & ainsi, les esmails en se liquifiant, couleront, & en se coulant, s'entremesleront, & en s'entremeslant, ils feront des figures & ydees fort plaisantes, & le feu estant osté dudit cabinet, on trouuera que lesdits esmails auront couuert la iointure des briques, desquelles le cabinet sera massonné : & en telle sorte, que ledit cabinet semblera par le dedans estre tout d'vne piece, parce qu'il n'y aura aucune apparition de iointures : & si sera ledit cabinet luisant d'vn tel polissement, que les lizers & langrottes qui entreront dedans, se verront comme en vn miroir, & admireront les statues : que si quelqu'vn les surprend, elles ne pourront môter au long de la muraille dudit cabinet, à cause de son polissement, & par tel moyen, ledit cabinet durera à iamais, & n'y faudra aucune tapisserie : car sa parure sera d'vne telle beauté, comme si elle estoit d'vn iaspe, ou porfire, ou calcidoine bien poli.

Du second Cabinet.

Le second Cabinet, qui sera en l'autre coin ou anglet, qui aura aussi son regard deuers la partie meridionale, sera par le dehors de semblable ornement & parure que le premier : aussi par dessus sa voste, il y aura certains arbrisseaux plantez, ainsi que ie t'ay dit du premier : aussi le dedans dudit cabinet sera tout massonné de briques, mais lesdites briques seront massonnees & façonnees d'vne telle industrie, qu'il y aura au dedans du bastiment plusieurs figures de termes, qui seruiront de colomnes, & seront posez lesdits termes sur vn certain embassement, qui seruira de siege, pour ceux qui seront assis dedans ledit cabinet, & au dessus desdites figures de termes, il y aura vn architraue, frise & corniche, qui regnera à l'entour du dessus desdites figures de termes, & au dedans de la frise, y aura plusieurs grandes lettres antiques, & y aura en escrit, La crainte de Dieu, est le commencement de Sapience : lesdits termes qui feront gestes & grimaces estranges, seront esmaillez de plusieurs & diuerses couleurs, qui seroyent trop longues à desduire : aussi tout le residu dudit cabinet sera esmaillé de diuerses couleurs d'esmails, &

tout

tout ainsi que ie t'ay dit, que les esmails du premier cabinet seroyent fondus sur le lieu mesme, ainsi en sera fait de cestuy second, & ce, à fin que les iointures, & la massonnerie ne soit apperceuë, & que le tout luise comme vne pierre cristaline.

Du troisieme Cabinet.

Le troisieme cabinet, qui sera à l'autre coin, deuers la partie du midi, du costé de la prairie, sera vosté & couuert des terres & arbres, en telle forme que le premier: aussi sortira du dehors du cabinet plusieurs pisseures d'eau, comme du premier, & le dedans sera aussi massonné de briques, mais sa façon sera differente aux autres: car il sera tout rustique, comme si vn rocher auoit esté creusé à grands coups de marteaux: toutesfois, il y aura tout à l'entour dudit cabinet, certaines concauitez creusees dedans la muraille, qui seruiront de sieges, & au dessus, il y aura espece, ou maniere d'architraue, frise & corniche, non pas proprement insculpees, mais comme qui se moqueroit, en les formant, & les insculpant à grans coups de marteaux: toutesfois elles auront quelque apparence, & seront grauees certaines lettres antiques au long de ladite frise, qui denoteront, que la Sapience n'habitera point au corps suiet à peché, ni en l'ame mal affectionnee: or ce cabinet sera couuert d'vn esmail blanc maderé, moucheté, & iaspé de diuerses couleurs par dessus ledit blanc, de telle sorte, que lesdits esmails & diuersitez de couleurs, couuriront les ioinctures des briques, & de la massonnerie: & ainsi, ledit cabinet apparoistra estre tout d'vne mesme piece, comme le premier, & ses esmails seront luisans & plaisans, comme ceux du premier & second.

Du quatrieme Cabinet.

Le quatrieme cabinet sera massonné de briques comme les trois susdits: mais la façon sera fort differente des trois premiers: car il sera massonné par le dedans d'vne telle industrie, qu'il semblera proprement que ce soit vn rocher, qui auroit esté caué, pour tirer la pierre du dedans: or ledit cabinet sera tortu, bossu, ayant plusieurs bosses & concauitez biaises, ne tenant aucune apparence ni forme d'art d'insculpture, ni labeur de main d'homme : & seront les vostes tortues de telle sorte, qu'elles auront quelque apparence de vouloir tomber, à cause qu'il y aura plusieurs bosses pendãtes : toutesfois, parce qu'aux trois susdits, il y a à chacun d'iceux vne authorité notable escrite, & prinse en la Sapience, en ce quatrieme cy sera escrit, Sans Sapience, est impossible de plaire à Dieu. Et ledit cabinet sera comme d'vn esmail de couleur d'vn calcidoine, iaspe maderé, & moucheté d'vn esmail blanc, qui en se fondant, ou liquifiant, fera plusieurs veines, figures, & ydees estranges, en se dilatant & dissoudant d'en haut au bas dudit cabinet, & en ce faisant, il couurira les iointures des briques, desquelles ledit cabinet sera massonné, en telle sorte, qu'il semblera qu'il soit d'vne mesme piece cõme les trois susdits, & par le dehors sera massonné de grosses pierres, telles comme elles seront prinses au rocher, sans estre aucunemẽt taillees ni façõnees, à fin que le dehors dudit cabinet, ressemble proprement vn rocher naturel : & parce que ledit cabinet sera erigé ioignant le pied de la mõtagne, qui est deuers le costé du Oüest, en l'anglet qui est deuers le Midi, iceluy cabinet estant dessus couuert de terre, & ayant plusieurs arbres plantez sur ladite terre, il y aura bien peu d'apparence de bastiment, parce qu'en descendant du terrier haut, on pourra marcher sur la voste dudit cabinet, sans apperceuoir qu'il y aye aucune forme de bastimẽt : & tout ainsi que ie t'ay dit, qu'au premier cabinet il y auroit plusieurs pisseures d'eau, qui sortiront de la muraille par le dehors, aussi en ce quatrieme en sortira abondamment, qui sera chose de grande recreation : & ainsi qu'au premier cabinet, ie t'ay dit, qu'il y auroit certains arbres portans fruits, pour les oiseaux, il y en aura aussi à ce quatrieme cy. Aussi les fenestres seront de telle monstruosité que les premieres : voila le discours des quatre cabinets.

Des Cabinets qui seront aux quatre bouts de la croisee, qui trauersera le milieu du iardin du trauers & du long.

Quant est de ces quatre cabinets cy, ils serõt faits de certains hommeaux, que ie planteray tout à l'entour de la circonference de la place que i'auray pourtraite, pour la grandeur de mes cabinets.

nets susdits, & combien qu'au commencement de mon propos, tu pourras, peut estre, iuger en toy-mesme, que ce n'est rien de nouueau, que de faire des cabinets d'hommeaux, ou autres arbres, toutesfois, si tu veux ouyr patiemment mon propos, ie te feray bien entendre, que ce sera vne grandissime chose, voire telle, qu'homme n'a veu la semblable: ayes donc patience, & ne me redargue point de prolixité. Au premier des quatre cabinets, qui seront ainsi faits d'hommeaux, y aura au dedans & dessous la couuerture des branches desdits cabinets à chacun vn rocher, qui sera massonné auec la muraille de la closture du iardin. Ce premier rocher donc, qui sera au cabinet du costé du vẽt de Nord, sera fait de terre cuite, insculpee & esmaillee en façon d'vn rocher tortu, bossu, & de diuerses couleurs estranges, ainsi que ie fay la Grotte de Monseigneur le Connestable, non pas proprement d'vne telle ordonnance; parce que ce n'est pas aussi vn œuure semblable. Note donc qu'au bas & pied du rocher, il y aura vn fossé naturel, ou receptacle d'eau, qui tiendra autant en longueur comme ledit rocher. Pour ceste cause, ie feray plusieurs bosses en mon rocher, le long dudit fossé, sur lesquelles bosses ie mettray plusieurs grenouilles, tortues, chancres, escreuisses, & vn grand nombre de coquilles de toutes especes, à fin de mieux imiter les rochers. Aussi y aura plusieurs branches de coural, duquel les racines seront tout au pied du rocher, à fin que lesdits couraux ayent apparence d'auoir creu dedans ledit fossé. Itẽ, vn peu plus haut dudit rocher, y aura plusieurs troux & concauitez, sur lesquelles y aura plusieurs serpents, aspics & viperes, qui seront couchees & entortillees sur lesdites bosses, & au dedans des troux: & tout le residu du haut du rocher, sera ainsi biais, tortu, bossu, ayant vn nombre d'espece d'herbes, & de mousses insculpees, qui coustumierement croissent és rochers & lieux humides, comme sont scolopendre, capilli Veneris, adianthe, politricon, & autres telles especes d'herbes, & au dessus desdites mousses & herbes, il y aura vn grand nombre de serpents, aspics, viperes, langrotes & lizers, qui ramperont le long du rocher, les vns en haut, les autres de trauers, & les autres descendans en bas, tenans & faisans plusieurs gestes, & plaisans contournemens, & tous lesdits animaux seront insculpez & esmaillez si pres de la nature, que les autres lizers naturels & serpents, les viendront souuent admirer, comme tu vois qu'il y a vn chien en mon hastelier de l'art de terre, que plusieurs autres chiens se sont prins à gronder à l'encontre, pensans qu'il fust naturel: & dudit rocher distillera vn grand nombre de pisseures d'eau, qui tomberont dedans le fossé, qui sera dans ledit cabinet, auquel fossé y aura vn grand nôbre de poissons naturels, & des grenouilles & tortues. Et parce que sur le terrier ioignant ledit fossé, il y aura plusieurs poissons & grenouilles insculpees de mon art de terre, ceux qui irôt voir ledit cabinet, cuideront que lesdits poissons, tortues, & grenouilles soyét naturelles, & qu'elles soyét sorties dudit fossé, d'autât qu'audit fossé il y en aura de naturelles: Aussi audit rocher sera formé quelq espece de buffet, pour tenir les verres & coupes de ceux q bâqueteront dâs le cabinet. Et par vn mesme moyé, serôt formez audit rocher certains parquets, & petis receptacles, pour faire rafreschir le vin, pendant l'heure du repas, lesquels receptacles auront tousiours l'eau froide, à cause que quand ils seront pleins à la mesure ordonnee de leur grandeur, la superfluité de l'eau tombera dedans le fossé, & ainsi, l'eau sera tousiours viue dedans lesdits receptacles: aussi audit cabinet y aura vne table de semblable estoffe que le rocher, laquelle sera assise aussi sur vn rocher, & sera ladite table en façon ouale, estant esmaillee, enrichie, & coloree de diuerses couleurs d'esmail, qui luiront comme vn cristallin. Et ceux qui seront assis pour banqueter en ladite table, pourront mettre de l'eau viue en leur vin, sans sortir dudit cabinet, ains la prendront és pisseures des fontaines dudit rocher.

Et quant est à present des hommeaux, qui feront la closture & couuerture dudit cabinet, ils seront mis & dressez par vn tel ordre, que les iambes des hommeaux seruiront de colomnes, & les brâches feront vn architraue, frise & corniche, & tympane, & front-espice, en obseruant l'ordre de la massonnerie.

Demande.

Veritablement ie pense que tu es insensé, de vouloir obseruer les reigles d'architecture és bastimens faits d'arbres, & tu sais, que les arbres croissent tous les iours, & qu'ils ne peuuent tenir longuement quelque mesure que tu leur sauois donner: & nous sauons que les anciens Architectes n'ont rien fait qu'auec certaines mesures, & grandes considerations, tesmoins Victruue, & Sebastiane, qui ont fait certains liures d'architecture.

Responce.

Tu te deuois bien esfrayer, & esleuer contre moy: tu as allegué de belles raisons, pour me prouuer d'estre insensé, & mespriser l'inuention de mon iardin, veu que c'est vne chose de si grande estime. Si tu as leu les liures que tu dis d'architecture, tu trouueras que les anciens inuenteurs des excellens edifices, ont prins leurs pourtraits & exéplaires de leurs colomnes, és arbres & formes humaines, & qu'ainsi ne soit, mesure vn peu leurs colomnes, & tu trouueras qu'elles sont plus grosses par le bas de la iambe, que non pas en haut, qui est vne des raisons qu'ils ont prins en formãt leurs colónes: & aussi les colónes faites d'arbres seront trouuees tousiours plus rares & excellentes, que non pas celles des pierres: & si tu veux tãt honorer celles des pierres, que tu les vueilles preferer à celles qui serõt faites de iãbes d'arbres, ie te diray, que c'est contre toute disposition de droit Diuin & humain: car les œuures du Souuerain & premier edificateur, doiuent estre en plus grand hõneur, que non pas celles des edificateurs humains. Itẽ, tu sais qu'vne pourtraiture qui aura esté contrefaite à l'exẽple d'vne autre pourtraiture, la contrefacture ou pourtraiture qui aura esté faite, ne sera iamais tant estimee comme l'original, sur lequel on aura prins le pourtrait. Parquoy, les colomnes de pierre, ne se peuuẽt glorifier contre celles de bois, ne dire, nous sommes plus parfaites, & ce, d'autãt q̃ celles de bois ont engẽdré, ou pour le moins ont aprins à faire celles de pierre. Et puis q̃ le Souuerain Geometrié, & premier edificateur y a mis la main, il les faut plus estimer q̃ celles des pierres, quelques rares qu'elles soyẽt, hors-mis qu'elles fussent de pierre de iaspe, ou d'autres pierres rares.

Demande.

Voire, mais les colónes des pierres qui ont esté insculpees par nos anciẽs edificateurs, elles ont chacune vn chapiteau, pour imi ter la teste de l'humaine nature: Aussi les anciés edificateurs ont insculpé au pied d'vne chacune desdites colõnes, vne basse, qui signifie le pied de l'homme. Et quãd ceux de Corinthe iouenterent leurs genres de colomnes, desquelles ils edifierent le Téple de la grand Diane, qui estoit vn merueilleux bastiment, ils firent au corps de leurs colomnes certains canaux, & voyes creuses, qui denotoyent les plis & froncis des robes & cotes de leur Deesse Diane: Aussi au chapiteau de leurs colomnes, ils mirent certains roleaux, façonnez en maniere d'vne ligne aspiralle, lesquels entortillemens signifioyent les cheueux & coiffure de ladite Diane. Voila comment nos anciens edificateurs n'ont rié fait sans grande consideration, & raison bien asseuree: mais toy, quelle raison, mesure ni ordre pourrois-tu tenir à ton bastiment fait de pieds & branches d'hommeaux, veu que lesdits hommeaux augmentent tous les iours en grosseur & hauteur?

Responce.

Pour vray, ie pense que tu as vne teste sans ceruelle: n'as-tu point consideré tant de beaux iardins, qui sont en France, ausquels les iardiniers ont tondu les romarins, lizos, & plusieurs autres especes d'herbes, les vnes auront la forme d'vne grue, les autres la forme d'vn coq, les autres la forme d'vne oye, & consequemment de plusieurs autres especes d'animaux: & mesme, i'ay veu en certains iardins, qu'on a fait certains gens-d'armes à cheual & à pied, & grand nombre de diuerses armoiries, lettres, & deuises: mais toutes ces choses sont de peu de duree, & les faut refaçonner souuét. Si ainsi est, que les choses qui sont de peu de profit, & de petite duree soyent tant estimees, combien penses-tu que le bastimét de mes cabinets meritera d'estre estimé, veu que la chose sera de longue duree, & aisee à entretenir, vtile, & profitable? voire si profitable, que quand par vieillesse elle sera inutile au bastiment, & closture desdits cabinets, si est-ce qu'encore les colomnes auront grandement profité, à cause du bois qu'elles rédront à son possesseur. Et quant est de l'entretien, tant il s'en faut, qu'il ne soit de si grans fraits que celuy des petites herbes sus escrites: Car ces petites herbes ne sauroyét tenir leur forme guere long temps, sans estre tondues: mais les

colom

colomnes de mes cabinets, dureront pour le moins la vie d'vn homme, ou de deux, sans y faire aucune reparation. Quant est des branches, il les faudra estauffer & arranger vne fois ou deux l'annee, c'est pour le plus. cognois-tu pas par là, que mon bastiment ainsi fait de pieds d'hommeaux, sera grandement vtile, excellent & louable?

Demande.

Voire, mais ie ne puis entendre l'ordre, que tu pretens tenir au bastiment & edification de ton cabinet. Fay m'en presentement quelque discours, par lequel ie le puisse aisement entendre.

Responce.

Apres que les hommeaux seront plantez, iouxte la quadrature & circonference de mon cabinet, & que ie seray asseuré que lesdits hommeaux auront prins racine, ie couperay toutes les branches iusques à la hauteur des colomnes: & ce fait, ie marqueray ou inciseray le pied de l'hommeau à l'endroit où ie voudray faire la basse de la colomne: semblablement à l'endroit de là où ie voudray faire le chapiteau, ie feray quelque incision, marque ou concussion, & lors, nature se trouuant greuee en ces deux parties, elle enuoyera secours & abondance de faueur, & humeur, pour renforcer & guerir lesdites playes: & de là aduiendra, que en ces parties blessees s'engendrera vne superfluité de bois, qui causera la forme du chapiteau & basse de la colomne, & ainsi que les colomnes croistront, & augmenteront, la forme aussi du chapiteau & basse augmentera. Voila comment les iambes des hommeaux auront tousiours vne chacune la forme d'vne colomne, & les branches qui auront leur naissance sur le bout dudit chapiteau, ie les ployeray de trauers, pour se rendre directement depuis la naissance, qui sera sur ledit chapiteau, iusques au dessous du chapiteau de l'autre prochaine colomne, & les branches, ou partie d'icelles, qui seront en la colomne circonuoisine, ie les feray directement coucher, pour se rendre sur le chapiteau de la premiere colomne; toutesfois ie laisseray tousiours vne quantité de branches, pour faire les autres membres despendans de la massonnerie & architecture dudit cabinet. Et par tel moyen, les premieres branches ainsi couchees d'vne colomne à autre, feront directemét vne forme d'architraue, parce que ie leur donneray quelque auancement, en les couchät l'vne sur l'autre, pour former les mollures de l'architraue. Et quant est de la frise qui s'ensuit apres, ie ne l'occuperay d'aucunes branches trauersantes, mais ie prendray premieremét certaines branches de celles que i'auray laissé debout, & les ayans couchees de la maniere des autres, i'en feray la forme de la corniche, en telle sorte que ie t'ay dit de l'architraue: car ie feray auancer les branches par degrez, mesurees par art de Geometrie & Architecture, à fin de faire trouuer & apparoistre les mollures de ladite corniche, de la mesure que lesdites mollures doiuent auoir. Et ainsi, l'architraue & la corniche estās formez à leur raison, la frise demeurera vuide, & pour l'ornement & excellence de ladite frise, ie plieray certaines gittes, qui procederont de l'architraue, & de la corniche: & en les pliāt & arrengeāt au dedans de ladite frise, ie feray tenir à vne chacune gitte, ou brāche, vne forme de lettre antique bien proportionnee. Et à fin que l'ingratitude ne soit redarguee mesme par les choses insensibles & vegetatiues, il y aura en escrit en ladite frise vne authorité prinse au liure de Sapience, où il est escrit, Que lors que les fols periront, ils appelleront la Sapience, & elle se moquera d'eux, parce qu'ils n'ont tenu cōte d'elle, lors qu'elle les appelloit par les carrefours, rues, lieux, assemblees, & sermōs publics. Voila qui sera escrit en ladite frise, à fin que les hōmes qui reietterōt Sapiēce, discipline, & doctrine, soyent mesme condamnez par les tesmoignages des ames vegetatiues & insensibles: quoy fait, ie prendray le residu des brāches, & en formeray vn front-espice en chacune face dudit cabinet, & serōt les mollures dudit front-espice formees des branches qui resterōt, qui sera la fin & total des brāches, & de la massonnerie. Et parce qu'en ce faisant, les tympanes se trouuerōt vuides & percez à iour, ie mettray à vn chacun desdits tympanes vne deuise de lettres antiques & Romaines, lesquelles lettres seront formees de petites gittes, qui procederont des branches de la corniche, & du frōt-espice: & ainsi, lesdits tympanes serōt enrichis de deuises aussi bien q̄ la frise. Et quāt est des deuises qui seront, ie te les mettray par ordre cy apres. Pour cōclusion, saches

que

que le cabinet estāt ainsi fait, les brāches q croistrōt au dessus des front-espices & sommité du bastiment, ie les feray coucher l'vne sur l'autre d'vne telle inuention, qu'il ne pleuura aucunement dedans ledit cabinet, non plus que s'il estoit couuert d'ardoise. Voila toute l'edification du premier des quatre cabinets verds.

Du second Cabinet verd.

Le secōd cabinet verd, qui sera du costé du vēt de Es, sera erigé & construit d'hōmeaux, en la propre forme q les susdits: mais le rocher du dedans, qui sera ioint auec la muraille de la cloison & fermure du iardin, sera d'vne autre inuētion: car il sera massonné de certains cailloux blācs & diaphanes, lesquels i'ay amassez en plusieurs & diuers chāps, rochers, & montagnes: & seront lesdits cailloux arrengez, & massonnez en ladite muraille d'vn si bel ordre, qu'il y aura plusieurs riches concauitez & retraittes, qui seruiront d'autāt de sieges, pour reposer ceux q irōt audit cabinet: & d'iceluy rocher sortira vn nōbre infini de pisseures d'eau, qui ferōt mouuoir certains moulinets, & les moulinets feront iouër certains soufflets, & les soufflets ietterōt leur vēt dedās certains flaiols, qui seront dedans vn ruisseau, qui sera au pied du rocher, en telle sorte, que les soufflets cōtraindront les flaiols rēdre leur voix, eux estans dedās l'eau: dont s'en ensuiuront plusieurs voix de flaiols gargouillantes, qui en leurs gargouillemens imiteront de biē pres les chāts de diuers oiseaux, & singulieremēt, le chāt du Rossignol: or ledit rocher sera tenu luisant, & net, à cause des eaux qui iournellement distillerōt dessus. Et quant est de la deuise, qui sera en la frise dudit cabinet, il y aura en escrit, Les enfans de Sapience, sont l'Eglise des Iustes. Eccle. 3. & à celle qui sera aux tympanes, dedans le tympane de la premiere face, y aura en escrit, Les cogitations peruerses se separent de Dieu, Sapience 1.

Et au tympane de la seconde face, il y aura en escrit, En l'ame mal affectionnee, n'entrera point de Sapience. Sapience 1.

Et au tympane de la troisieme, y aura en escrit, Celuy est malheureux, qui reiette Sapience, Sapience. 3.

Du troisieme Cabinet verd.

Le troisieme Cabinet sera erigé cōme les deux premiers, & n'y aura rien à dire qu'ils ne se ressemblēt, hors-mis le rocher du dedãns & fons dudit cabinet: car parce q̃ ce cabinet cy, sera au bout de l'allee deuers le costé du vent d'Oüest, au pied de la montagne, le rocher dudit cabinet sera taillé de la mesme piece de la montagne, & en le formant & taillant, les secrets des canaux & pisseures d'eau, seront encloses, fermees, & massonnees au dedãs dudit rocher, à fin qu'il semble, que les eaux sortent naturellement de ce rocher : mais pour rendre ledit rocher plus admirable, ie feray enchasser dedans ledit rocher plusieurs couraux, tels qu'ils vienent de leur nature, sans estre polis, à fin qu'il semble qu'ils ayent creu audit rocher. Aussi dans iceluy rocher, ie feray enchasser plusieurs pierres rares, que ie feray apporter de diuers pays & contrees, comme sont Calcidoines, Iaspes, Porfires, Marbres, Cristals, & autres cailloux riches & plaisans à la veuë, & seront lesdites pierres enchassees en la roche, sans aucun polissement, & seront si bien iointes dedans l'incision qu'on fera en ladite roche, qu'il n'y aura aucune apparence d'artifice, ains semblera que lesdites choses soyent ainsi venues de sa propre nature, & d'iceluy rocher sortiront plusieurs pisseures d'eau, comme des trois susdits, & dedans ce cabinet cy, il y aura vne table de quelque pierre rare, laquelle sera assise sur vn rocher propre pour cest affaire, auquel rocher seront aussi enchassees plusieurs & diuerses especes de pierres rares comme dessus, & en la frise dudit cabinet sera escrit, Le fruit des bons labeurs, est glorieux. Sapience 3.

Et au tympane de la premiere face, sera escrit, Desir de Sapience meine au Regne Eternel. *Sapience 6.*

Et au tympane de la seconde face, sera escrit, Dieu n'aime personne, que celuy qui habite auec Sapience. Sapience 7.

Et au troisieme & dernier tympane, il y aura en escrit, Par Sapience l'homme aura immortalité. Sapience 8.

Et y aura audit cabinet à dextre & à senestre, plusieurs sieges entre les colomnes, lesquels seront faits de certaines gittes, que les racines des hommeaux & colomnes aurõt produites en bas: car c'est chose certaine, que les hommeaux ont en eux ce naturel, de produire plusieurs gittes de la racine.

Du

Le dernier Cabinet, qui sera au bout de l'allee, deuers le vēt de Sus, il sera de la semblable forme que les trois susdits, sauoir est d'hommeaux: mais le rocher qui sera ioignant la muraille de la closture, sera fort estrange & plaisant: car ie feray cercher plusieurs pierres & diuers cailloux. Il se trouue souuent és ports & haures de ceste mer Oceane, plusieurs pierres diuerses, que les marchans d'estrange pays apportent au fons de leurs nauires, pour garder qu'il ne soit trop leger: car autrement le nauire estāt vuide verseroit soudain, par la violence des vents. Et quand ils sont arriuez, ils iettent lesdites pierres sur le bord de la mer. Il s'en trouue bien souuent, qui sont toutes semees de petites estincelles ressemblantes argent, & de plusieurs diuerses couleurs. Au pays de Poitu, s'en trouue de toutes grosseurs, qui sont si tres blanches, qu'estans rompues, elles ont couleur d'vn sel blanc, ou de sucre fin: & en ay veu d'aussi grosses que barriques. En ce pays de Xaintonge, és parties limitrofes de la mer, s'en trouue grande quantité, qui en quelque part ou endroit qu'on les puisse rompre, elles sont toutes pleines de coquilles, qui sont formees en la mesme pierre. Ayāt donc amassé vn grand nombre de toutes ces diuerses pierres, ie massonneray mon rocher plus estrangement que les susdits. Ie les formeray en telle sorte, qu'il y aura par dessus plusieurs voûtes, & en icelles y aura plusieurs grandes pierres pendātes: & pour dōner grace audit rocher, il y aura plusieurs piliers, qui serōt cōduits par lignes obliques, & indirectes. Ce rocher sera trouué fort estrāge, parce qu'auparauāt le massonner, ie tailleray plusieurs serpents, aspics, & viperes, ou par le derriere d'iceux, y aura vne lāguette, ou queuë de la mesme estoffe, sauoir est, de terre: & ayāt cuit & esmaillé lesdits animaux, ie les massonneray parmi les cailloux, pierres & rocher, en telle sorte, qu'il semblera proprement qu'ils soyent en vie, & qu'ils rampēt au long dudit rocher. Aussi de mon art de terre, ie formeray certaines pierres, qui serōt esmaillees de couleur de turquoise, lesquelles pierres, ayans vne queuë par derriere, seront liees & massonnees auec ledit rocher: & en iceluy rocher, ie formeray quelque maniere d'architraue, frise & corniche, toutesfois sans aucunement tailler les pierres, ains serōt massonnees en la propre forme qu'on les trouuera : & à fin de mieux enrichir ledit rocher, ie feray que le champ de la frise, sera d'vne mesme couleur de pierre, & en massonnant ladite frise, ie l'enrichiray de certaines lettres antiques, qui serōt formees de petis cailloux, ou pierres, d'autre couleur que ladite frise : & en ce faisant, i'escriray vne sentence prise en Esaie le Prophete, chap. 55. qui dit ainsi, Vous tous ayans soif, venez, & buuez pour neāt de l'eau de la fontaine viue. Et ladite deuise sera conuenable en ce lieu, parce que dudit rocher sortira grand nombre de pisseures d'eau, qui tomberōt dedans vn fossé, qui sera paué, orné, enrichi, & muraillé desdites pierres & cailloux estranges. Et sur le bord dudit fossé, il y aura vne certaine plate-forme, pour mettre les vases, couppes & verres, pour le seruice dudit cabinet. Et y aura audit cabinet vne table sur vn pilier, & rocher de semblable parure que ledit rocher. Et entre les colomnes & pieds desdits hommeaux, qui feront la cloison & couuerture dudit cabinet, y aura plusieurs sieges de semblable parure & estoffe que le rocher : & en la frise qui sera faite de brāche d'hommeau, y aura plusieurs lettres, comme ès autres susdites, & en cestuy cy, y aura en escrit, La fontaine de Sapience, est la Parole de Dieu. Ecclesiastique 1.

Aussi semblablement y aura des lettres dedans les trois tympanes, faites par branches d'hommeaux. Au tympane de la premiere face, sera escrit, Dilection du Seigneur, est Sapience honorable. Ecclesiastique 1.

Au tympane de la seconde face, sera escrit, Le cōmencement de Sapience, est la crainte du Seigneur. Ecclesiastique 1.

Item, au tympane de la troisieme face, sera escrit, La crainte du Seigneur, est la couronne de Sapience. Ecclesiastique 1.

Voila ce que ie te diray pour le present, des huit cabinets qui seront en mon iardin.

Du Rocher ou Montagne.

I'ay à present à te faire le discours d'vne commodité, qu'il y aura en mon iardin merueilleusement vtile, belle, & plaisante. Et quand ie te l'auray cōtee, tu cognoistras que ce n'est pas sans cause, que i'ay cerché de faire mon iardin ioignant les rochers.

Les

Les deux costez de mon iardin, savoir est, devers le vent du Nord & du Oüest, qui seront circuits, clos, & enuironnez des rochers & montagnes, me causerõt de faire mon iardin merueilleusemẽt delectable: car tout le lõg des deux costez de la montagne, ie feray croiser vn grand nõbre de chambres dedans lesdits rochers, lesquelles chãbres, les vnes seruiront à serrer les plãtes & herbes, qui sont suiettes és gelees & nuitees d'hyuer, lesquelles plantes, les vnes seront portees dedans les vaisseaux de terre, les autres sur certains engins faits en forme de boyards ou brouëttes: aucunes sur certains vaisseaux de bois, dressees sur certaines rouës: aucunes desdites chambres, seruirõt aussi pour retirer les graines qui sont encore en leurs plãtes: aucunes desdites chãbres, seruiront pour serrer grãde quantité de perches, pau-fourches, vismes, & toutes telles choses requises, pour le seruice dudit iardin: aucunes desdites chãbres, seruiront aussi pour retirer les iardiniers au tẽps des pluyes, & lors qu'il faudra aiguiser leurs pau-fourches, estaipes, & perches: aussi aucunes desdites chãbres seruiront pour serrer les outils d'agriculture, autres pour serrer pour quelq̃ tẽps les naueaux, aulx, oignõs, noix, chastagnes, aglãs, & autres telles choses necessaires & requises à vn pere de famille.

Item, au dessus desdites chãbres, le rocher sera couppé, pour seruir d'vne grãd'allee, en maniere d'vne plate-forme: mais il te faut noter, qu'à present ie te vay discourir vne chose fort vtile & plaisante, qui est, qu'au dessus desdites chãbres, ie feray aussi croiser dedans ledit rocher vn nombre de chambres hautes tout le long de l'allee, qui sera ainsi faite sur lesdites chambres basses, & icelles chambres hautes estãs ainsi formees dedans la montagne & rocher, elles serõt fort vtiles & plaisantes: car l'vne sera toute taillee en façõ de popitres, pour seruir de librairie & estude: l'autre sera toute taillee par autre maniere de popitres, pour tenir les eaux distillees, & diuers vinaigres: l'autre sera faite par petites armoires, pour tenir & garder la diuersité des graines. Il y en aura vne autre, q̃ sera toute faite en maniere de rayõs de marchãs, pour tenir diuersité de fruits melez, cõme pruneaux, serises, guignes, & autres telles especes. Il y en aura aussi vne q̃ sera fort vtile, pour dresser certains fourneaux, à tirer les eaux & essences des herbes de bonne senteur: & y aura d'autres chambres qui seront fort vtiles, pour garder les fruits, & toutes especes de legumes, comme fefues, pois, nétilles, & autres telles choses semblables. Toutes ces chambres seront à ce vtiles, parce qu'elles seront en vn lieu chaud moderement, & bien aëré, mais voici à present la cause pourquoy lesdites chambres & montagnes seront fort vtiles, plaisantes, & belles.

En premier lieu, il te faut noter, qu'au deuant desdites chambres, il y aura vne grãde & spatieuse allee, qui sera au dessus des chambres basses, qui seront erigees pour la cõmodité des iardiniers, cõme ie t'ay dit cy dessus, laquelle allee seruira cõme d'vne gallerie, au deuãt desdites chãbres hautes. Et pour mieux la faire ressembler à vne gallerie, ie feray vne muraille tout du lóg, sur le deuant de l'allee, deuers les deux costez du iardin, qui sera à fleur du deuant, & entre les chambres basses, laquelle muraille sera plate par dessus, pour seruir d'accotouër à ceux qui se pourmenerõt au deuant desdites chãbres hautes, sur ladite allee, plate-forme, & gallerie. Et à fin de rendre la chose plus plaisante & admirable, ie plãteray au dessus des portes & fenestres des chambres hautes, tout le long du terrier vn grand nõbre d'aubepins, & autres arbrisseaux, portãs bons fruits, pour la nourriture des oiseaux, lesquels aubepins, & autres arbrisseaux, seruirõt cõme d'vn pauillon au dessus des portes & fenestres desdites chãbres hautes, voire & couuriront tout du long de l'allee ladite plate-forme ou gallerie: & par tel moyen, ceux qui serõt esdites chambres hautes, & ceux qui se pourmenerõt au deuant d'icelles, auront ordinairemẽt le plaisir de diuerses chansonnettes, qui par les oiseaux seront dites sur lesdits arbrisseaux. Il y a deux causes, qui rendront les oiseaux amateurs de dire leurs chansonnettes en ce lieu. La premiere cause, est le Soleil, qui dés le matin iettera ses rayons sur lesdits arbrisseaux: la seconde raison est, parce que lesdits oisillons trouueront ordinairement quelque chose à se repaistre ausdits arbrisseaux: aussi pour mieux les accoustumer en ce lieu, ie ietteray en temps d'hyuer des graines de plusieurs semences, sur l'allee, gallerie, & plate-forme susdite, à fin que les oiseaux trouuent quelque chose à manger en ce lieu, lors

que

que l'hyuer aura rendu les arbres steriles. Voila commét en tout téps lesdites chábres hautes insculpees dedás les rochers, seront vtiles & de grâde recreatió. Et outre ces choses, les accotouërs qui serót erigez deuers le costé du iardin, serót grâdemét vtiles à faire meler les pruneaux, guignes, serises, & autres tels fruits qu'ó a accoustumé faire meler au Soleil, parce q̃ ce lieu sera oriẽté en telle sorte, que le Soleil y enuoyera ses rayons tout le lóng du iour: car le regard desdits rochers, chambres, & galleries seront vers le costé du vent d'Es & Sus. Et voila comment ceux qui aurót affaire à estudier, distiller, ou autres labeurs esdites chambres hautes, quand ils voudront se recreer, ils sortiront sur ladite plate-forme & gallerie, et en se pourmenát, ils auront les arbrisseaux, & les oiselets au dessus de leurs testes. Et apres, voulans regarder toute la beauté du iardin, ils se viendront appuyer sur l'accoutuër, qui sera fait expres, & propre pour cest affaire, & estans la accotez, ils verront entierement toute la beauté du iardin, & ce qui s'y fera: Aussi ils auront la senteur de certains damas, violettes, mariolaines, basilics, & autres telles especes d'herbes, qui seront sur ledit accotouër, plantees dedás certains vases de terre, esmaillez de diuerses couleurs, lesquels vases, ainsi mis par ordre, & esgalles portions, ils decoreront & orneront grandement la beauté du iardin & gallerie susdite. Aussi au dessus desdits accotouërs, il y aura certaines figures feintes, insculpees de terre cuite, & seront esmaillees si pres de la nature, que ceux qui de nouueau seront venus au iardin, se descouuriront, faisans reuerence auxdites statues, qui sembleront, ou apparoistront certains personnages appuyez contre l'accotouër de ladite gallerie & plate-forme: or pour móter sur ladite plate-forme, il y aura deux escalliers, l'vn deuers le costé du vent de Nord, & l'autre deuers le costé du vent de Sus, & seront lesdits escalliers taillez de la mesme roche, et sur le mesme lieu, qui sera vne beauté & commodité cent fois plus grande, que ie ne te saurois desduire. Si tu es homme de bon iugement, tu pourras assez aiseement entédre, combien la chose sera plaisante, estant erigee en la forme que ie t'ay dit: venons à present au cabinet, qui sera au milieu du iardin.

Pour eriger le cabinet du milieu, à telle dexterité que le dessein de mon esprit l'a conceu, tu dois entendre, que la source de l'eau de laquelle ie me seruiray és fontaines de mes cabinets, ou rochers d'iceux, sera prise vn peu plus haut que le iardin, deuers le costé du Nord, & en prenant l'eau pour dilater à mes cabinets & fontaines, tout par vn moyen ie feray du residu de la source, vn ruisseau, lequel passera tout à trauers dudit iardin, en tirant vers le costé du vent de Sus. Et quand il sera à l'endroit du milieu, ie separeray le cours dudit ruisseau en deux parties, l'vne à dextre, & l'autre à senestre, en ensuiuant le traict d'vne rotondité que i'auray formee au compas : & apres qu'vne chacune des deux parties aura circuit la moitié de ladite rotondité, lors les deux parties du ruisseau, se viendront rassembler à vn mesme cours, come dessus, & en telle sorte se trouuera au milieu du iardin vne petite Isle, à l'entour de laquelle, ie planteray certains pibles ou populiers, qui en peu de iours seront creus d'vne bien grande hauteur, lesquels populiers, ou pibles, ie formeray, sauoir est, les iambes en maniere de colomnes, par les moyens que ie t'ay dit cy dessus, en te parlant des cabinets des hommeaux : aussi au dessus des testes desdites colomnes, il y aura architraue, frise & corniche, qui seront erigees des branches des mesmes arbres, comme ie t'ay conté des hommeaux : & en ceste sorte, lesdits populiers & pibles, feront la cloison d'vn cabinet rond, lequel cabinet sera fait en forme pyramidale. Et combien qu'il sera fait à peu de frais, toutesfois, il ne sera moins à estimer que les pyramides d'Egypte, combien qu'elles coustassent tant de millions d'or : & te diray à present, comment ie formeray mon cabinet en forme de pyramide. Depuis la racine des arbres, iusques à la corniche, le tout sera à plomb, en ensuiuant les regles de nos anciens architectes : mais depuis la corniche tirant en haut, i'ameneray lesdits arbres pres l'vn de l'autre petit à petit, iusques à ce que tous ensemble se reduisent en vne pointe, au bout de laquelle pointe y aura vn engin attaché auec les poin-

tes.

tes de tous les arbres, lequel engin aura vn entonnoir pour receuoir le vent, & au bout de l'entonnoir, plusieurs flaiols, se rendans en vn mesme trou, en telle sorte, que le vent estant enfermé dans ledit entonnoir, fera sonner lesdits flaiols, qui seront de diuerses grosseurs, à fin de tenir & ensuiure la mesure de la Musique, & en quelque part, ou endroit que le vent se vire, l'entonnoir aussi se virera: & ainsi les flaiols iouëront à tous vents. Il y aura aussi plusieurs lettres en la frise, qui seront formees des mesmes branches des arbres, comme ie t'ay dit des hommeaux, & y aura en escrit en la deuise de ladite frise, Malediction à ceux qui reiettent Sapience. Et ainsi, le dessous de ladite pyramide, sera vn cabinet rond, merueilleusement frais & plaisant, à cause que le ruisseau sera tout à l'entour de la petite Isle dudit cabinet, & les pieds des colomnes ou arbres de ladite pyramide, seront plantez sur le bord du ruisseau, qui causera, que ledit ruisseau en passant, grondera, & murmurera à l'entour de ladite petite Isle, en laquelle il faudra certaines planches pour y entrer, & y aura au milieu de la petite Isle vne table ronde, & à l'entre-deux des colomnes, qui seront lesdits pieds des pibles, il y aura certains vismes doux, qui seront tissus, entrelassez, & arrengez, en telle sorte, qu'ils seruiront de cloison, chaires, & dossiers entre lesdites colomnes, & le dessus de la voste desdites chaires & dossiers d'icelle, sera tissu en façon plate, sur laquelle plate-forme, seront arrengez plusieurs vaisseaux & vases, pour le seruice dudit cabinet. Voila comment lesdits populiers formeront vne pyramide excellentement belle au milieu dudit iardin, laquelle pyramide seruira par le dessous d'vn cabinet rond merueilleusement vtile, auquel cabinet y aura quatre portes correspondantes aux quatre allees de la croisee du iardin, & par le dehors dudit cabinet, vn peu au delà du terrier & bord du fossé du dehors dudit cabinet, ou pyramide, seront plantez plusieurs aubiers, qui formeront vne autre rotondité, enuiron cinq pieds distante de la pyramide susdite, & si seront lesdits aubiers tous clissez d'vne chemise de fil d'archal: aussi depuis la sommité desdits aubiers, iusques aux colomnes de la pyramide, en cas pareil: pareillement, entre lesdites colomnes iusques à l'endroit susdit de la sommité des aubiers. Et sera ledit fil d'archal tissu par diuerses cloisons, parcelles & moyens, au dedans desquels moyens, il y aura vn grād nombre d'oiseaux, grands & petis, de diuerses especes, tant de ceux qui se plaisent en l'air, que de ceux qui se plaisent és arbres, & en la terre. Et par tel moyen, ceux qui banqueteront au dessous & dedans de ladite pyramide, ils auront le plaisir du chant des oiseaux, du coax des grenouilles, qui seront au ruisseau, le murmurement de l'eau, qui passera contre les pieds & iambes des colomnes qui soustiendront ladite pyramide, la frescheur du ruisseau, & des arbres qui seront à l'entour, la freschure du doux vent, qui sera engendré par le mouuement des fueilles desdits pibles ou populiers. On aura aussi le plaisir de la Musique, qui sera sur la sommité & pointe de ladite pyramide, laquelle Musique se iouëra au soufflement du vent, comme ie t'ay dit cy dessus: voila à present le dessein de tous les cabinets de mon iardin.

Quant est à present des tonnelles qui pourront estre à l'entour de la circonference du iardin, & autres membres semblables, ie ne t'en parleray point: mais ie veux à present que tu confesses, que sans les montagnes, terriers, & rochers, il me seroit impossible d'eriger vn iardin, qui eust ses commoditez requises. Tu as veu ci-dessus en combien de sortes lesdits rochers me seruent à cest affaire, & à present te faut noter, que tous mes arbres & plantes qui seront suiets aux gelees, seront plantez du long, & au pied du bas desdites montagnes. Et ce, pour cause que lesdites montagnes les garentiront des froidures du vent de Nord & Ouëst, qui sont les vents les plus fascheux qui regnent en ce pays de Xaintonge: Ie dis de Xaintonge, parce qu'il y a aucuns Astrologues, qui disent, que les vents qui sont yci les pires, sont les meilleurs en aucunes autres contrees de pays. Les herbes, plantes, & arbres qui seront au pied, et ioignant lesdits rochers & montagnes, seront garentis desdits vents, parce que lesdites montagnes, terriers, & rochers, leur seruiront de pauillon & defense contre lesdits vents. Item, ils se ressentiront

la nuict.

la nuict de la chaleur qu'ils auront receu le iour, parce que lesdites montagnes auront leur regard deuers Es & Sus, en telle sorte, que lesdites montagnes auront tout le iour l'aspect des rayons du Soleil, tellement que les arbres & plantes qui seront au pied desdites montagnes, seront eschauffees par le Soleil, & aussi par la reuerberation d'iceluy mesme, qui frappera contre les terriers, & rochers. Item, la liqueur & humidité qui descendra desdits terriers & montagnes, sera plus salee que non pas celle des autres parties du iardin, qui causera, que les fruits des arbres qui seront au pied des montagnes, seront plus sauoureux, & de meilleure garde, que non pas les autres, comme tu peus auoir entendu dés le commencement de mon propos, quand ie t'ay parlé des fumiers: & ainsi, chacune espece d'arbre & plante sera plantee selon ce qu'on cognoistra estre requis, sauoir est, celles qui demandent les lieux hauts, secs & montueux, aux lieux montueux, & celles qui demandent l'humidité, seront plãtees le long du ruisseau, qui passera à trauers du iardin. Item, au iardin y aura plusieurs petites isles, qui seront enuironnees de petis ruisseaux, qui distilleront d'vn chacun des rochers des cabinets, et seront amenez les cours desdits ruisseaux droit au grand ruisseau, qui sera par le milieu du iardin. Et par tel moyen, ie feray que lesdits ruisseaux feront en eux en allant au grãd ruisseau certaines circulations, qui causerõt des petites isles fort plaisantes, & propres pour arrouser les herbes qui serõt plãtees esdites petites isles. Ie dresseray aussi vn autre petit moyen, pour arrouser les parties du iardin, d'aussi peu de fraits qu'il est possible d'ouyr parler: Et ledit moyen est tel, que ie feray percer vn grãd nombre de bois de Seu, ou autre, que ie verray estre conuenable, & propre pour cest affaire, & apres en auoir percé plusieurs pieces, ie feray qu'elles entreront, & s'assembleront le bout de l'vne au dedans du bout de l'autre: & ainsi consequemment toutes les autres. Et quand ie voudray arrouser quelques plantes ou semences de mon iardin, ie presenteray vn bout desdits bois percez contre l'vne des pisseures des fontaines, & ladite eau de la pisseure entrera dedans le canal ou bois percé, & dedans le bout d'iceluy bois, i'emmancheray vne autre piece de chenelle.

L

ou autre bois percé, & selon la distance du lieu que ie voudray arrouser, i'en assembleray plusieurs ainsi, bout à bout l'vne de l'autre, & pour soustenir lesdites chenelles, i'auray certaines fourchettes que ie piqueray en terre, tout le lõg de la voye où ie voudray aller, lesquelles fourchettes & piquets soustiendront & conduiront mesdites chenelles iusques au lieu que ie voudray arrouser: mais à fin que la chose soit arrousée amiablement sans fouler la terre, le derriere de mes chenelles sera fermé au bout d'vn tapon, qui aura vn nombre infini de petis troux, & par tel moyen, le canal distillera l'eau, comme vne amiable rousee, sans faire aucun dommage ni aux plantes, ni à la terre. Et par tel moyen, ie tourneray mes chenelles & bois percez d'vn costé & d'autre, par toutes les parties de mon iardin, & lieux que ie voudray arrouser. Et quant est des engins qu'aucuns ont fait cy deuant, sauoir est, certaines trapes, desquelles ils trompent les nouueaux venus au iardin, & les font tomber dedans l'eau, pour auoir leur passe-temps, ie ne voudrois estre leurs imitateurs en cest endroit: mais bien voudrois-ie faire certaines statues, qui auroyent quelque vase en vne des mains, & en l'autre quelque escriteau, & ainsi que quelqu'vn voudroit venir pour lire ladite escriture, il y auroit vn engin, qui causeroit que ladite statue verseroit le vase d'eau sur la teste de celuy qui voudroit lire ledit Epitaphe. Item, ie voudrois aussi faire d'autres statues, qui auroyent vne certaine boucle, ou aneau pendu en vne main, à fin que quand les Pages courroyent la lance contre ladite boucle, ainsi qu'ils frapperoyent ledit aneau, la statue leur viendroit bailler vn grand coup sur la teste d'vne esponge abruuee d'eau, en telle sorte, que ladite esponge rendra grande quantité d'eau, à cause de la compression, & du grand coup qu'elle frappera. Si ie voulois te desduire entierement le dessein de mon iardin, ie n'aurois iamais fait, parquoy, ne t'en diray plus rien: mais venõs à present és confrontations d'iceluy.

Des Confrontations.

Les confrontations du iardin deuers le costé du vent de Sus, seront prairies, ainsi que ie t'ay dit cy dessus, & au milieu desdites

dites prairies passeront les mesmes ruisseaux qui passent au iardin. A dextre & à senestre dudit ruisseau, serôt plantez plusieurs belles aubarees, & tout à l'entour, & le long des deux extremitez de la prairie, seront plantez nombre d'aubepins, qui seruirôt de closture & muraille, pour la defense de ladite pree, & au long de ladite haye, & bord de la pree, vn sentier & allee fort plaisante & de recreation, pour les causes que ie te diray cy apres, & la confrontation du iardin deuers le vent d'Es, seront certains champs, plantez par esgales parcelles, de diuerses especes d'arbres fructiers, qui seront de grand reuenu, sauoir est, vn champ de noyers, vn autre de chastagners, & vn autre de nousillers, poiriers, pommiers, brief, de toutes especes de fruits: & du costé du vent de Nord, seront les mottes pour les cherues, lins, & aubiers doux, & certains vimiers, pour seruir à la ligature du iardin, & deuers le costé du vent d'Ouëst, seront les bois, montagnes, & rochers que ie t'ay dit cy dessus. Voila à present l'ordonnance de mon iardin, auec ses confrontations.

Demande.

Veritablement tu m'en as bien conté, & de bien piteuses: & où cuiderois-tu trouuer vn lieu commode selon ton dessein? Serois-tu bien si fol, de faire si grand despence, pour auoir vn beau iardin?

Responce.

Ie t'ay dit cy dessus, qu'il se trouuera plus de quatre mille mestairies, ou maisons nobles en Frãce, aupres desquelles on trouuera la commodité requise, pour eriger le iardin susdit, & de ce, ne faut douter: & quant est de la despence, que tu dis estre excessiue, il se trouuera plus de mille iardins en France, qui ont costé plus que cestuy ne costera: & puis, regardes-tu au cost, pour auoir vne telle delectation & reuenu de grandes louanges?

Responce. Demande.

Voire, mais on auroit plus grand plaisir, & vaudroit mieux acheter de bons cheuaux, & de bonnes armures, pour paruenir à quelque degré &charge de l'art militaire, & lors en passant pays, plusieurs viendroyent au deuant te presenter logis, viures, & tapisseries: l'vn te donneroit vn mulet, & l'autre vn cheual, qui ne te costeroit qu'à souffler: & ainsi, tu receurois beaucoup plus de plaisir, q̃ non pas à ton iardin. Aussi tu attraperois quelque benefice, que tu ferois tenir par quelque cuisinier de prestre, & tu prendrois le reuenu: car ie say plusieurs, qui par tels moyens, ayans acheté estat de Seneschal de robe longue, sont paruenus à auoir estat de Seneschal de robe courte; qui a esté le moyen, qu'ils ont esté prisez & honorez, crains & redoutez. Et par tels moyens, ont rempli leurs bources de butin: & mesme en ces troubles passez, tu sais côme aucuns d'iceux ont receu de grands presens, pour fauoriser aux Huguenots, lesquels n'espargnoyent rien pour sauuer leurs vies, lesquelles on cerchoit de bien pres.

Responce.

Tu m'as allegué des raisons fort meschantes, & mal à propos: tu sais bien que dés le commencement ie t'ay dit, que ie voulois eriger mon iardin pour m'en seruir, comme pour vne cité de refuge, pour me retirer és iours perilleux & mauuais: & ce, à fin de fuyr les iniquitez & malices des hommes, pour seruir à Dieu en pure liberté, & à present tu me viens tenter d'vne execrable, auarice, & meschante inuention. Et cuides-tu que si vn homme a acheté vn office de Seneschal, soit de robe courte, ou de robe longue, & qu'il aye ce fait pour auarice & ambition, qu'il soit homme de bien en ce faisant? Ie say bien qu'aucuns ont acheté les grandeurs susdites, pour se faire craindre, & se venger, & pour emplir leurs bources de presens. Est-ce pourtant à dire, que telles gens soyent gens de bien? Et tant il s'en faut. Tu sais bien que saint Paul dit, qu'il n'y a rien plus meschant, que l'auaricieux. Item, il dit, que l'auarice est la racine de tous maux: comment me prouueras-tu que telles gens puissent viure en repos de conscience? Item, on sait bien, qu'en plusieurs lieux des Escritures sainctes, il est defendu aux Iuges de prẽdre presens, parce que les presens corrompent le iugement: & ainsi, ie puis conclurre, qu'il n'y a rien de bon au conseil que tu m'as donné. Item, tu m'as dit, que si i'auois acheté quelque authorité, ou

office

office de Seneschal, ou autre, que ie pourrois crocheter quelque benefice, que ie ferois tenir par vn cuisinier de prestre: tu me conseilles donc d'estre meschant symoniaque, & larron, & tu sais que le reuenu des benefices, ne doit estre donné sinon à ceux qui fidelement administreront la Parole de Dieu: & quant est des autres qui iouyront du reuenu, ils sont maudits, damnez, & perdus: & ie te le puis asseurement dire, puis qu'il est escrit au Prophete Ezechiel chap. 34. car le Prophete dit ainsi, Malediction sur vous, Pasteurs, qui mangez le laict, & vestissez la laine, & laissez mes brebis esparses par les montagnes, ie les demanderay de vostre main. Ne voila pas vne sentence, qui deust faire trembler ces symoniaques? & à la verité, ils sont cause des troubles, que nous auons auiourd'huy en la France: Car s'ils ne craignoyent perdre leur reuenu Ecclesiastique, ils accorderoyent assez aisement tous les poincts de l'Escriture saincte: mais ie puis aisement iuger par leurs manieres de faire, qu'ils aiment mieux, & ont en plus grande reuerence leur propre ventre, que non pas la diuine Maiesté de Dieu, deuant lequel il faudra qu'ils rendent conte au iour de son aduenement, & lors desireront de mourir, & la mort s'enfuira d'eux, & dirõt lors aux montagnes, Montagnes, tombez sur nous, & nous cachez de la face de ce grand Dieu viuãt, comme il est escrit en l'Apocalypse. Or regarde maintenant, si tu m'as donné vn bon conseil, ou y bien pour me damner. Item, penses-tu que ces pauures miserables ayent quelque repos en leur conscience? I'ose dire, qu'eux & leurs complices, quoy qu'il soit, ils ont tousiours quelque remords en leurs consciences, & qu'ils craignent plus de mourir, que non pas ceux qui n'ont point leurs consciences cauterisees: toutesfois, ils ne sont iamais rassasiez ne de biẽs, ne d'honneurs: mais si quelqu'vn les desobeyst, ils creueront, iusques à tãt qu'ils en soyent vengez: & ainsi, les pauures miserables n'ont repos, ni en leurs esprits, ni en leurs corps, quelque grasse cuisine qu'ils puissent auoir. Pour lesquelles causes, ie n'ay trouué rien meilleur, que de fuyr le voisinage, & accointance de telles gens, & me retirer au labeur de la terre, qui est chose iuste deuant Dieu, & de grande recreation à ceux qui admirablement veulent con templer les œuures merueilleuses de nature : mais ie n'ay trouué en ce mõde vne plus grande delectation, que d'auoir vn beau iardin : aussi Dieu ayant creé la terre pour le seruice de l'homme, il le colloca dans vn iardin, auquel y auoit plusieurs especes de fruits, qui fut cause, qu'en contemplant le sens du Pseaume cent quatrieme, comme ie t'ay dit cy dessus, il me prist deslors vne affection si grande d'edifier mondit iardin, que depuis ce temps-là, ie n'ay fait que resuer apres l'edification d'iceluy : & bien souuent en dormant, il me sembloit que i'estois apres, tellement qu'il m'aduint la semaine passée, que comme i'estois en mon lict endormi, il me sembloit, que mon iardin estoit desia fait, en la mesme forme que ie t'ay dit cy dessus, & que ie commençois desia à manger des fruits, & me recreer en iceluy, & me sembloit qu'en passant au matin par ledit iardin, ie venois à considerer les merueilleuses actions que le Souuerain a commandé de faire à nature, & entre les autres choses, ie contemplois les rameaux des vignes, des pois, & des coyes, lesquelles sembloyent qu'elles eussent quelque sentiment & cognoissance de leur debile nature : car ne se pouuans soustenir d'elles-mesmes, elles iettoyent certains petis bras, comme filets en l'air, & trouuans quelque petite branche, ou rameau, se venoyent lier & attacher, sans plus partir de là, à fin de soustenir les parties de leur debile nature. Et quelque fois en passant par le iardin, ie voyois vn nombre desdits rameaux, qui n'auoyent rien à quoy s'appuyer, & iettoyẽt leurs petis bras en l'air, pẽsans empongner quelque chose, pour soustenir la partie de leurdit corps, lors ie venois leur presenter certaines branches & rameaux, pour aider à leur debile nature : & ayant ce fait au matin, ie trouuois au soir que les choses susdites auoyent ietté, & entortillé plusieurs de leurs bras à l'entour desdits rameaux : lors tout esmerueillé de la prouidence de Dieu, ie venois à contempler vne authorité, qui est en sainct Matthieu, où le Seigneur dit, que les oiseaux mesmes ne tomberont point sans son vouloir, & ayant passé plus outre, i'apperceu certaines branches & gittes d'aubelon, lequel combien qu'il n'eust ni veuë, ni ouye, ni sentiment, ce neantmoins, Dieu luy a donné cognoissance de la debilité de sa na-

ture,

ture, & le moyen de se soustenir, tellement que ie vis, que lesdites gittes dudit aubelon, s'estoyent liees & entortillees plusieurs ensemble, & estans ainsi fortifiees & accompagnees l'vne de l'autre, elles se dilatoyent au long de certaines branches, pour se consolider encore toutes ensemble, & s'attacher auxdites branches: lors que i'eu apperceu & contemplé vne telle chose, ie ne trouuay rien meilleur, que de s'employer en l'art d'agriculture, & de glorifier Dieu, & le recognoistre en ses merueilles: & ayant passé plus outre, i'apperceu certains arbres fructiers, qu'il sembloit qu'ils eussent quelque cognoissance: car ils estoyent songneux de garder leurs fruits, comme la femme son petit enfant, & entre les autres, i'apperceu la vigne, les coucombres, & poupons, qui s'estoyent faits certaines fueilles, desquelles ils couuroyent leurs fruits, craignans que le chaud ne les endommageast, ie vis aussi les rosiers & gruseliers, qui à fin de defendre ceux qui voudroyent rauir leurs fruits, ils s'estoyent faits des armures & espines piquantes au deuant desdits fruits. I'apperceu aussi le fromēt, & autres bleds, ausquels le Souuerain auoit donné sapience de vestir leur fruit si excellemment, voire plus excellemment, que Salomon ne fut onques si iustement vestu auec toute sa sapience. Ie consideray aussi, que le Souuerain auoit donné aux chastagners de sauoir armer & vestir son fruit d'vne industrie & merueilleuse robe: semblablement le noyer, allemandier, & plusieurs autres especes d'arbres fructiers, lesquelles choses me donnoyent occasion de tomber sur ma face, & adorer le viuant des viuans, qui a fait telles choses, pour l'vtilité & seruice de l'homme: lors aussi cela me donnoit accasion de considerer nostre miserable ingratitude, & mauuaistié peruerse, & de tant plus i'entrois en contemplation en ces choses, d'autant plus i'estoys affectionné de suiure l'art d'agriculture, & mespriser ces grādeurs & guains deshonnestes, lesquels à la fin, faut qu'ils soyent recompensez selon les merites ou demerites. Et estant en vn tel rauissement d'esprit, il me sembloit que i'estois proprement audit iardin, & que ie iouyssois de tous les plaisirs contenus en iceluy, & non seulement d'iceluy iardin, mais aussi des confrontations & lieux circonuoisins: car il me sembloit propremét, que ie sortois du iardin, pour m'aller pourmener à la pree, qui estoit du costé du Sus, & qu'y estāt, ie voyois iouër, gambader, & penader certains agneaux, moutons, brebis, cheures & cheureaux, en ruant & sautelant, en faisant plusieurs gestes & mines estranges: & mesmement me sembloit, que ie prenois grand plaisir à voir certaines brebis vieilles & morueuses, lesquelles sentans le temps nouueau, & ayans laissé leur vieilles robbes, elles faisoyent mille saux & gambades en ladite pree, qui estoit vne chose fort plaisante, & de grande recreation. Il me sembloit aussi, que ie voyois certains moutons, qui se reculoyent bien loin l'vn de l'autre, & puis courans d'vne vistesse & grande roideur, ils se venoyent frapper des cornes l'vn contre l'autre. Ie voyois aussi les cheures, qui se leuans des deux pieds de derriere, se frappoyent des cornes d'vne grande violence: aussi ie voyois les petis poulains, & les petis veaux, qui se iouoyent & penadoyent aupres de leurs meres. Toutes ces choses me donnoyent vn si grand plaisir, que ie disois en moy-mesme, que les hommes estoyent bien fols, d'ainsi mespriser les lieux champestres, & l'art d'agriculture, lequel nos peres anciés, gens de bien, & Prophetes ont bien voulu eux-mesmes exercer, & mesme garder les troupeaux. Il me sembloit aussi, que pour me recreer, ie me pourmenois le long des aubarees, & en me pourmenant sous la couuerture d'icelles, i'entendois vn peu murmurer les eaux du ruisseau, qui passoit au pied desdites aubarees, & d'autre part, i'entendois la voix des oiselets, qui estoyent sur lesdits aubiers: & lors me venoit à souuenir du Pseaume cent quatrieme, sur lequel i'auois edifié mon iardin, auquel le Prophete dit, Que les ruisseaux passent & murmurent aux vallees & bas des montagnes: aussi dit-il, Que les oiselets font resonner leurs voix sur les arbrisseaux, plantez sur les bords des ruisseaux courans. Il me sembloit aussi, que quand ie fus las de me pourmener en ladite prairie, ie me tournay deuers le costé du vent d'Ouëst, où sont les bois & montagnes, & lors me sembloit, que i'apperceu plusieurs choses, qui sont deduites & narrees au Pseaume susdit: car ie voyois les connils ioüans, sautans, & penadans le long de la montagne, pres de certaines fosses, troux & habitations, que

le Sou.

le Souuerain Architecte leur auoit erigé, & soudain que les animaux apperceuoyent quelqu'vn de leurs ennemis, ils sauoyent fort bien se retirer au lieu qui leur auoit esté ordonné pour leur demeurance. Ie voyois aussi le renard, qui se ralloit le long des buissons, le ventre contre terre, pour attrapper quelqu'vne de ces petites bestes, pour contenter le desir de son ventre. Brief, il me sembloit que i'auois les plaisirs de voir cheures, dains, bisches, & cheureaux le long desdites montagnes, en la mesme sorte, ou bien pres du deuis que le Prophete Dauid nous descrit en ce Pseaume cent quatriéme. Item, m'estoit auis, que i'entendois la voix de plusieurs vierges, qui gardoyẽt leurs troupeaux: pareillement me sembloit, que i'oyois certains bergers ioüans melodieusement de leurs flaiols: & lors me sembloit, que ie disois en moy-mesme, ie m'esmerueille d'vn tas de fols laboureurs, que soudain qu'ils ont vn peu de bien, qu'ils auront gagné auec grand labeur en leur ieunesse, ils auront apres honte de faire leurs enfans de leur estat de labourage, ains les feront du premier iour plus grands qu'eux-mesmes, les faisans communement de la pratique, & ce que le pauure homme aura gagné à grande peine & labeur, il en despendra vne grand' partie à faire son fils Monsieur, lequel Monsieur aura en fin honte de se trouuer en la compagnie de son pere, & sera desplaisant qu'on dira qu'il est fils d'vn laboureur. Et si de cas fortuit, le bon homme a certains autres enfans, ce sera ce Monsieur là, qui mangera les autres, & aura la meilleure part, sans auoir esgard qu'il a beaucoup cousté aux escholes, pendant que ses autres freres cultiuoyent la terre auec leur pere. Et en cependant, voila qui cause que la terre est le plus souuent auortee, & mal cultiuee, parce que le mal-heur est tel, qu'vn chacun ne demande que viure de son reuenu, & faire cultiuer la terre par les plus ignorans, chose mal-heureuse. A la miene volonté, disois-ie lors, que les hommes eussent aussi grand zele, & fussent aussi affectionnez au labeur de la terre, comme ils sont affectionnez pour acheter les offices, benefices, & grandeurs, & lors la terre seroit benite, & le labeur de celuy qui la cultiueroit, & lors elle produiroit ses fruits en sa saison. Ayant cõtemplé toutes ces choses, ie m'en allay pourmener deuers le costé du vent d'Es, & en me pourmenant par dessous les arbres fructiers, i'y receu vn grand contentement, & plusieurs ioyeux plaisirs : car ie voyois les Escurieux cueillans les fruits, & sautans de branche en branche, faisans plusieurs belles mines & gestes. Ie voyois d'autre part cueillir les noix aux groles ; qui se resiouyssoyent, en prenant leur repas & disner sur lesdits Noyers. D'autre part ie trouuois sous les Pommiers certains herissons, qui s'estoyent roulez en forme ronde, & auoyent fait piquer leurs poils, ou aiguillons sur lesdites pommes, & s'en alloyent ainsi chargez. Ie voyois aussi la sagesse du renard, lequel se trouuant persecuté des puces, prenoit vn bouchon de mousse dedans sa bouche, & s'en alloit à vn ruisseau, & s'estant culé dedans ledit ruisseau, il entroit petit à petit, pour faire fuyr toutes les puces du corps en sa teste ; & quand elles s'en estoyent fuyes iusques à la teste, le renard se plongeoit encore tousiours, iusques à ce qu'elles fussent toutes sur le museau, & quand elles estoyent sur le museau, il se plongeoit iusques à ce qu'elles fussent sur la mousse, qu'il auoit mise en sa gueule, & quand elles estoyent sur la mousse, il se plongeoit tout à vn coup, & s'en alloit sortir au dessus du courant de l'eau : & ainsi, il laissoit ses puces sur ladite mousse, laquelle mousse leur seruoit de bateau pour s'en aller d'vn autre costé. I'apperceu aussi vne finesse que le renard fit en ma presence la plus fine & subtile que i'puys onques parler : car iceluy se trouuant desnué de viures, & voyant que l'heure du disner s'approchoit, & qu'il n'auoit encore rien de prest, il s'en alla coucher en vn champ, pres & ioignant l'aile d'vn bois, & estant là couché, il dilata les iambes en sus, & ferma les yeux, & estant ainsi couché à la renuerse faisant du mort, & tirant son membre ; dont aduint qu'vne grole n'ayant aussi rien à disner, pensant que ledit renard fust mort, se va poser sur son ventre, pensant de son membre, que ce fust quelque chair desia commencee à detailler : mais la grole fut bien affinee : car dés le premier coup de bec qu'elle commença à donner sur ledit membre, le renard d'vne vistesse soudaine empongna la grole, laquelle ne seut tenir autre contenance, sinon de faire coüa ; & voila comment le fin renard

nard print son disne r aux despés de celle qui le vouloit mange.

Toutes ces choses m'ont rendu si amateur de l'agriculture, qu'il me semble, qu'il n'y a thresor au monde si precieux, ni qui deust estre en si grande estime, que les petites gittes des arbres & plantes, voire les plus mesprisees. Ie les ay en plus grande estime, que non pas les minieres d'or & d'argent. Et quand ie considere la valeur des plus moindres gittes des arbres ou espines, ie suis tout esmerueillé de la grande ignorance des hommes, lesquels il semble qu'auiourd'huy ils ne s'estudient qu'à rompre, couper, & deschirer les belles forests que leurs predecesseurs auoyent si precieusement gardees. Ie ne trouueray pas mauuais qu'ils coupassent les forests, pourueu qu'ils en plantassent apres quelque partie: mais ils ne se soucient aucunement du temps à venir, ne considerans point le grand dommage qu'ils font à leurs enfans à l'aduenir.

Demande.

Et pourquoy trouues-tu si mauuais, qu'on coupe ainsi les forests? il y a plusieurs Euesques, Cardinaux, Prieurs & Abbez, moineries & chapitres, qui en coupant les forests, ils ont fait trois profits. Le premier, ils ont eu de l'argēt des bois, & en ont donné quelque partie aux femmes, filles & hommes aussi. Item, ils ont baillé la sole desdites forests à rente, dont ils ont eu beaucoup d'argent des entrees. Et apres, les laboureurs ont semé du bled & sement tous les ans, duquel bled ils en ont encore vne bonne portion. Voila comment les terres valent plus de reuenu, qu'elles ne faisoyent auparauant. Parquoy ie ne puis penser, que cela doiue estre trouué mauuais.

Responce.

Ie ne puis assez detester vne telle chose, & ne la puis appeller faute: mais vne malediction, & vn mal-heur à toute la France, parce qu'apres que tous les bois seront coupez, il faut que tous les arts cessent, & que les artisans s'en aillent paistre l'herbe, comme fit Nabuchodonozor. Ie voulus quelque fois mettre par estat les arts qui cesseroyent, lors qu'il n'y auroit plus de bois: mais quand i'en eu escrit vn grand nombre, ie ne seu iamais trouuer fin à mon escrit, & ayant tout consideré, ie trouuay qu'il n'y en auoit pas vn seul, qui se peust exercer sans bois, & que quand il n'y auroit plus de bois, qu'il faudroit que toutes les nauigations & pescheries cessassent, & que mesme les oiseaux & plusieurs especes de bestes, lesquelles se nourrissent de fruits, s'en allassent en vn autre Royaume, & que les bœufs, ni les vaches, ni autres bestes bouines ne seruiroyent de rien au pays où il n'y auroit point de bois. Ie me fusse estudié à te donner vn millier de raisons : mais c'est vne Philosophie, que quand les chambrieres y auront pensé, elles iugeront, que sans bois, il est impossible d'exercer aucun art, & mesme faudroit, s'il n'y auoit point de bois, que l'office des dents fust vaquant, & là où il n'y a point de bois, ils n'ont besoin d'aucun froment, ni d'autre semence à faire pain. Ie trouue vne chose fort estrange, que beaucoup de Seigneurs ne contraignent leurs suiets de semer quelque partie de leurs terres d'aglans, & autres parties de chastaigners, & autres parties de noyers, qui seroit vn bien public, & vn reuenu qui viendroit en dormant. Cela seroit fort propre en beaucoup de pays, là où ils sont contraints d'amasser les excremens des bœufs & vaches pour se chauffer, & en autres contrees, ils sont contraints de se chauffer & faire bouillir leurs pots de paille : n'est-ce pas vne faute, & ignorance publique? Quand ie serois Seigneur de telles terres ainsi steriles de bois, ie contraindrois mes tenanciers, pour le moins d'en semer quelque partie. Ils sont bien miserables, c'est vn reuenu qui vient en dormant, & apres qu'ils auroyent mangé les fruits de leurs arbres, ils se chaufferoyent des branches & troncs. Ie loüe grandement vn Duc Italien, qui quelques iours apres que sa femme fut accouchee d'vne fille, il philosopha en soy-mesme, que le bois estoit vn reuenu qui venoit en dormant : parquoy, il commanda à ses seruiteurs de planter en ses terres le nombre de cent mille pieds d'arbres, disant ainsi, que lesdits arbres pourroyent valoir chacun vingt sous auparauant que sa fille fust bonne à marier : & ainsi, lesdits arbres vaudroyent cent mille liures ; qui estoit le prix qu'il pretendoit donner à sa fille. Voila vne prudence grandement louable : à la miene volonté, qu'il y en eust plusieurs en France, qui fissent le semblable. Il y en a plusieurs qui aimét le plaisir

plaisir de la chasse, & la frequentation des bois : mais cependant ils prenent ce qu'ils trouuent, sans se soucier de l'aduenir. Plusieurs mangent leurs reuenus à la suite de la Cour en brauades, despences superflues, tant en accoustrement, qu'autres choses: il leur seroit beaucoup plus vtile de manger des oignons auec leurs tenanciers, & les instruire à bien viure, monstrer bon exemple, les accorder de leurs differens, les empescher de se ruyner en proces, planter, edifier, fossoyer, nourrir, entretenir, & en temps requis, & necessaire, se tenir prests à faire seruice à son Prince, pour defendre la patrie. Ie m'esmerueille de l'ignorance des hommes, en contemplant leurs outils d'agriculture, lesquels on deust auoir en plus grande recommandation, que non pas les precieuses armures : toutesfois, il semble à certains iuuenceaux, que s'ils auoyent manié vn outil d'agriculture, qu'ils en seroyent deshonorez, & vn Gentil-homme tant pauure qu'il soit & endetté iusques aux aureilles, s'il auoit vn peu manié vn ferrement d'agriculture, il luy sembleroit estre vilein. A la miene volonté, que le Roy eust erigé certains offices, estats, & honneurs à tous ceux qui inuenteroyent quelque bel engin, & subtil pour l'agriculture. Si ainsi estoit, tout le monde se ietteroit apres, à qui mieux mieux, pour paruenir. Iamais ingenieux ne furent plus empressez à l'assaut d'vne ville, qu'aucuns s'empresseroyent: & tout ainsi que tu vois qu'ils mesprisent les ancienes façons d'habillemens, ils mespriseroyent aussi les anciens outils de l'agriculture, & à la verité, ils en inuenteroyent de meilleurs. Les armuriers changent souuent les façons des hallebardes, d'espees & autres arnois : mais l'ignorance de l'agriculture est si grande, qu'elle demeure tousiours à vne mode accoustumee : & si leurs ferremens estoyent lourds au commencement qu'ils furent inuentez, ils les entretienent tousiours en leur lourdeté, en vn pays, vne mode accoustumee sans changer, en vn autre pays vne autre aussi sans iamais changer. Il n'y a pas long temps, que i'estois au pays de Bearn, & de Bigorre, mais en passant par les champs, ie ne pouuois regarder les laboureurs, sans me choleter en moymesme, voyant la lourdeté de leurs ferremens : & pourquoy est-ce qu'il ne se trouue quelque enfant de bonne maison, qui s'estudie aussi bien à inuenter des ferremens vtiles pour le labourage, cõme ils sauent estudier à se faire decouper du drap en diuerses sortes estranges? Ie ne puis me tenir de dire ces choses, considerant la folie & ignorance des hommes.

Demande.

Quels outils faudroit-il, pour edifier vn tel iardin, que tu m'as cy dessus designé?

Responce.

Il faudroit de toutes les especes d'outils seruans à l'agriculture: & parce qu'il y a des colomnes, & autres membres d'architecture, il faudroit de toutes les especes d'outils propres à la Geometrie.

Demande.

Ie te prie me les nommer ycipar rang l'vn apres l'autre.

Responce.

Nous auons le Compas,
la Reigle,
l'Escarre,
le Plomb,
le Niueau,
la Sauterelle,
& l'Astrolabe.

Voila les outils par lesquels on conduit la Geometrie & l'architecture.

Puis que nous sommes sur le propos de Geometrie, il aduint la semaine passée, qu'estant en mon repos sur l'heure de minuict, il m'estoit auis, que mes outils de Geometrie s'estoyent esleuez l'vn contre l'autre, & qu'ils se debatoyent à qui appartenoit l'honneur d'aller le premier, & estant en ce debat, le compas disoit, Il m'appartient l'honneur: car c'est moy qui conduis & mesure toutes choses: aussi quand on veut reprouuer vn homme de sa despence superflue, on l'admonneste de viure par compas. Voila comment l'honneur m'appartient d'aller le premier. La reigle disoit au compas, Tu ne sais que tu dis, Tu ne saurois rien faire qu'vn rond seulemẽt, qui est le trou du cul, mais moy, ie conduis toutes choses directement, & de long, & de trauers, & en en quelque sorte que ce soit, ie fay tout marcher droit deuant moy : aussi quand vn homme est mal-viuant, on dit qu'il vit desreiglement, qui est autant à dire, que sans moy, il ne peut viure droitement. Voila pourquoy l'honneur m'appartient d'aller deuant. Lors l'escarre dist, C'est à moy à qui l honneur appartient : car pour vn besoin, on trouuera deux reigles en moy : aussi c'est moy, qui conduis les pierres angulaires & principales du coin, sans lesquelles nul bastiment ne pourroit tenir. Lors le plomb se vinst à esleuer, disant, Ie dois estre honoré par dessus tous : car c'est moy qui ameine & conduis toute massonnerie directement en haut, & sans moy on ne sauroit faire aucune muraille droite, qui seroit cause, que les bastimens tomberoyent soudain : aussi bien souuent, ie fay l'office d'vne reigle : parquoy faut conclurre, que l honneur m'appartient. Ce fait, le niueau s'esleua, & dist, O ces belistres & coquins, c'est à moy que l'honneur appartient. Ne sait-on pas, que tous les soumiers, poutres, & trauerses, ne pourroyent estre assises à leur deuoir sans moy? Ne sait-on pas bien, que ie conduis toutes places & pauemens comme ie veux? Ne sait-on pas bien, que plusieurs ingenieux se sont seruis de moy, en faisant leurs mines, tranchees, & en braquant leurs furieux canons? & que sans moy ils ne pourroyent paruenir à leur dessein? Voila pourquoy faut arrester & conclurre, que l'honneur me doit demeurer : & soudain que le niueau eut finé son propos, voici la sauterelle, qui d'vne grande vistesse se va esleuer, en disant, Deuant, deuant, vous ne sauez que vous dites, c'est à moy à qui appartient l'honneur : car ie fay des actes que nul ne sauroit faire, & ie vous demande, sauriez-vous conduire vn bastiment en vne place biaise? Et on sait bien que non, & vous ne seruez, ni ne sauez rien faire sinõ vn mestier comme le cul : mais moy, ie vay, ie viẽs, ie fay de la petite, ie fay de la grande : brief, ie fay des choses que nul de vous ne sauroit faire. Parquoy il est aisé à iuger, que l'honneur m'appartient. Adonc l'astrolabe vint à s'esleuer auec vne cõstãce & grauité canonique & dist ainsi, Me voulez-vous oster l'hõneur qui m'appartiẽt? car c'est moy, qui monte plus haut que tous tant que vous estes, &

mon Regne & Empire s'estend iusques aux nues. N'est-ce pas moy, qui mesure les astres, & que par moy les temps & saisons sont cognuës aux hommes, fertilité ou sterilité? & qu'est ceci à dire? Me sauroit-on nier, que ce que ie dis ne soit vray? Et ainsi que i'entendis le bruit de leurs disputes, ie m'esueillay, & soudain m'en allay voir que c'estoit: dont soudain qu'ils m'eurent apperceu, ils me vont eslire iuge, pour iuger de leur different: lors ie leur dis, Ne vous abusez point, il ne vous apartient ni honneur, ni aucune preeminence: l'honneur appartient à l'homme, qui vous a formez. Parquoy, il faut que vous luy seruiez & l'honoriez. Comment, dirent-ils à l'homme, & faut-il que nous obeyssions & seruions à l'homme, qui est si meschant & plein de folie? lors ie voulus excuser l'homme, en disant, qu'il n'estoit pas ainsi: ils s'escrierent tous, en disant, Permettez nous mesurer la teste de l'homme, & vous seruez de nous en cest affaire, & vous cognoistrez, que l'homme n'a aucune ligne directe, ni mesure certaine en toutes ses parties, quelque chose que Victruue, & Sebastiane & autres architectes ayent seu dire, & mõstrer par leurs figures. Quoy voyant, il me print enuie de mesurer la teste d'vn homme, pour sauoir directement ses mesures, & me sembla, que la sauterelle, la reigle, & le compas me seroyent fort propres pour cest affaire: mais quoy qu'il en soit, ie n'y seu iamais trouuer vne mesure asseuree, parce que les folies qui estoyent en ladite teste, luy faisoyent changer ses mesures. Adonc ie fus confus, parce que ie trouuois ladite teste, tantost d'vne sorte, & tantost d'vne autre, & combien qu'aucunesfois il y eust quelque apparence de lignes directes, ainsi que i'apprestois mes outils pour les figurer, soudain, & en vn momẽt, ie trouuois que les lignes directes s'estoyent rendues obliques, dont ie fus fort estonné, voyãt qu'il n'y auoit aucune ligne directe en la teste de l'homme, à cause que sa folie faisoit fleschir toutes les lignes directes, & les rendoit obliques. Lors ie voulus sauoir, quelles especes de folies estoyent en l'homme, qui le rendoit ainsi difforme, & mal proportiõné: mais ne le pouuãt sauoir ni cognoistre par l'art de Geometrie, ie m'auisay de l'examiner par vne Philosophie Alchimistale, qui fut le moyen, que ie vins soudain

eriger

eriger plusieurs fourneaux propres à cest affaire: les vns, pour putrefier, les autres, pour calciner, aucũs autres, pour examiner, & aucuns pour sublimer, & d'autres pour distiller. Quoy fait, ie prins la teste d'vn homme, & ayant tiré son essence par calcinations, & distillations, sublimations & autres examens faits par matrats, cornues & bainmaries, & ayãt separé toutes les parties terrestres de la matiere exhallatiue, ie trouuay, que veritablement, en l'homme il y auoit vn nombre infini de folies, que quand ie les eu apperceuës, ie tombay quasi en arriere comme pasmé, à cause du grand nombre des folies, que i'auois apperceu en ladite teste. Lors me print soudain vne curiosité & enuie, de sauoir qui estoit la cause de ses grãdes folies, & ayãt examiné de bien pres mon affaire, ie trouuay que l'auarice & ambition auoit rendu presque tous les hommes fols, & leur auoit quasi pourri toute la ceruelle: lors que i'eu apperceu vne telle chose, ie fus plus desireux de veoir les malices des hommes, que ie n'estois au parauant, qui fut cause, que ie prins la teste d'vn Limosin, & l'ayant mise a l'examen, ie trouuay qu'il auoit sa teste pleine de folies, & grand mixtionneur & augmentateur de drogues, tellement qu'il se trouua, qu'il auoit acheté trente cinq souls la liure du bon poiure à la Rochelle, & puis le bailloit à dix sept souls à la foire de Niord, & gagnoit encore beaucoup, à cause de la tromperie qu'il auoit adioustee audit poiure: Lors ie luy demanday, pourquoy il estoit ainsi fol, & sans entendement, de tromper ainsi meschamment les marchans: mais sans aucune honte, ce meschant soustenoit, que la folie qu'il faisoit, estoit vne sagesse, & ie luy remonstray lors qu'il se damnoit, & qu'il valoit mieux estre pauure, que non pas d'estre damné: mais cest insensé disoit, que les pauures n'estoyent en rien prisez, & qu'il ne vouloit estre pauure, quoy qu'il en deust aduenir: dont ie fus contraint de le laisser en sa folie. Apres i'empongnay la teste d'vn ieune homme, sans auoir esgard de quel estat il estoit, & ayant mis la teste à l'examen, ie trouuay, que la plus part d'icelle n'estoit que folie, & ayant vn peu contemplé le personnage, i'entray en dispute auec luy, en luy demandant, Frere, qui t'a meu d'ainsi decouper ce bon drap, que tu portes en tes chausses,

& autres habillemens?sais-tu pas bien, que c'est vne folie?mais cest insensé me voulut faire accroire, que les chausses ainsi coupees, dureroyent plus que les autres, ce que ne pouuois croire. Lors, ie luy dis, Mon ami asseure toy de cela, n'en doute point, que le premier qui fit decouper ses chausses, estoit naturellement fol: & quand au demeurant tu serois le plus sage du monde, si est-ce qu'en cest endroit, tu es imitateur, & suis l'exemple d'vn fol. Vray est qu'vne folie de longue main entretenue, est estimee sagesse, mais de ma part, ie ne puis accorder, que telle chose ne soit vne directe folie. Apres cestuy, ie vous empongnay la teste d'vne croteuse femme d'vn officier royal, sauoir est de robe longue, & l'ayant mise à l'examen, & auoir separé l'esprit d'auec le terrestre, ie trouuay la susdite grandement pleine de folies en sa teste, lors pensant faire deuoir de Chrestien, ie luy dis, M'amie, pourquoy est-ce que vous contrefaites ainsi vos habillemens? Ne saues-vous pas bien, que les robes ne sont faites en esté, que pour couurir la dissolution de la chair? & en hyuer, pour cela mesme, & pour les froidures?& vous sauez que tant plus les habillemens sont prochains de la chair, d'autant plus ils tienent la chaleur, aussi de tant mieux ils couurent les parties honteuses: Mais au contraire, vous auez prins vne verdugale, pour dilater vos robes, en telle sorte, que peu s'en faut, que vous ne monstriez vos hôteuses parties: apres luy auoir fait vne telle remonstrance, en lieu de me remercier, la sotte m'appela Huguenot: quoy voyât, ie la laissay, & prins la teste de son mari, & l'ayant examinee comme les autres, ie trouuay de grandes folies & larrecins: lors ie luy dis, Pourquoy est-ce que tu es ainsi fol, de chicaner & piller les vns & les autres? il me dist que c'estoit pour entretenir ses estats, & qu'il ne pourroit auoir patience auec sa femme, s'il ne luy donnoit souuent des accoustremens nouueaux, & qu'il falloit desrober pour entretenir ses estats & honneurs. O fol, di-ie lors ta femme te fera elle mordre en la pomme, comme fit celle de nostre premier pere? il te vaudroit mieux auoir espousé vne bergere; tu n'auras point d'excuse sur ta femme, quand il faudra comparoistre deuant le siege iudicial de Dieu. Apres cestuy, ie prins la teste d'vn

Chanoine,

Chanoine, & ayant fait examen de ses parties, comme dessus; ie trouuay qu'il y auoit plus de folies qu'en tous les autres. Ie luy demanday lors, Pourquoy est-ce que tu es si grand ennemi de ceux qui parlent des authoritez de l'Escriture saincte: mais iceluy respondant, dist, que ne seroit qu'on le vouloit contraindre d'aller prescher en ses benefices, qu'il tiendroit la partie des protestans: mais à cause qu'il n'auoit aprins à prescher, & qu'il auoit accoustumé auoir ses aises dés sa ieunesse, cela luy causoit de soustenir l'Eglise Romaine: & ie dis lors, Tu es bien meschant, & tu fais de l'hypocrite deuant tes freres les autres Chanoines, qui pensent que tu soustienes, & que tu croyes directement les statuts de l'Eglise Romaine. Non, non, dit-il, il n'y en a pas vn de mes compagnons, qui ne confesse la verité, ne seroit la crainte de perdre leur reuenu: & qu'ainsi ne soit, il n'y a celuy, qui ne mange de la chair en Caresme aussi bien comme moy, & quelque mine qu'ils facent, ils ne vont à la Messe sinon pour conseruer la cuisine, & de ce n'en faut douter: & quand n'eust esté que les bonnes gens nous vouloyent contraindre d'aller prescher, nous eussions aisement souffert les Ministres, mais nostre reuenu est cause que nous faisons nos esforts pour les banir. Adonc ie pensay, que ce seroit folie à moy, de le vouloir admonester, attendu la response qu'il auoit faite. Lors pour sauoir si son dire contenoit verité, i'empongnay la teste d'vn President de Chapitre, mais elle estoit terrible: car elle ne vouloit iamais endurer la coupelle, ni permettre, qu'on feist aucun examen de ses affaires, il regimboit, il batoit, il penadoit, il entroit en vne noire cholere vindicatiue. Quoy voyant, ie me despitay comme luy, & bongré malgré qu'il en eust, ie le mis à l'examen, & vins à separer ses parties, sauoir est, la cholere noire & pernicieuse d'vn costé, l'ambition & superbité de l'autre, ie mis d'autre costé le meurtre intestin qu'il portoit contre ses haineux: brief, ie separay ainsi toutes ses parties, comme vn bon Alchimiste separe les matieres des metaux, & luy demāday, Ne veux-tu point laisser tes folies? Est-il pas temps de se conuertir? Quoy, dit-il, folies, il n'y a homme en ce ste parroisse plus sage que moy. Ie suis, disoit-il, de la nouuelle Religion quand ie veux, & entens la verité aussi bien qu'vn autre : mais ie suis sage, ie chemine selon le temps, & fais plaisir à ceux que i'aime, & me venge de ceux que ie hay : voire, dis-ie, mais ce n'est pas vne vie chrestiene : car on sait bien, que les Prestres ne doiuent point estre paillards. Quoy, paillards, dit-il, il est vray que i'ay vne femme, à laquelle i'ay fait plusieurs enfans, mais elle n'est point paillarde, elle est ma femme, nous sommes tous deux espousez secretement. Et ie luy dis lors, Pourquoy est-ce donc que tu persecutes & tasches à faire mourir les Chrestiens? Quoy, mourir, dit-il, i'en ay sauué plusieurs; vray est, que ceux que ie hayssois, ie n'ay espargné de les poursuiure. Quelque chose que ie peusse dire, ni faire, iamais ie ne seus faire accroire à ce President, qu'il ne fust homme de bien, & sage, combien que ie voyois des merueilleuses mauuaistiez en ses parties, lesquelles i'auois mises à l'examen. Apres cestuy-là, ie prins la teste d'vn Iuge Presidial, qui se disoit estre bon seruiteur du Roy, lequel auoit grandement persecuté aucuns Chrestiens, & fauorisé beaucoup de vicieux, & ayant mis sa teste à l'examen, & auoir separé ses parties, ie trouuay, qu'il s'estoit vne partie engraissé d'vn morceau de benefice qu'il possedoit : lors ie cogneu directement que cela estoit la cause qu'il faisoit la guerre à l'Euangile, ou à ceux qui la vouloyent exposer en lumiere. Quoy voyant, ie le laissay là comme vn fol, sachant bien, que ie n'eusse eu aucune raison de luy, puis que la cuisine estoit engraissee d'vn tel potage. Adonc ie vins à examiner la teste, & tout le corps d'vn Conseiller de Parlement, le plus fin gautier qu'on eust seu iamais voir, & ayant mis ses parties en la coupelle & fourneau d'examen, ie trouuay que dedãs son ventre, il y auoit plusieurs morceaux de benefices, qui l'auoyent tellement engressé, qu'il ne pouuoit plus tenir son ventre dedans ses chausses. Quand i'eu apperceu vne telle chose, i'entray en dispute auec luy, en luy disant, Vié-ça, Es-tu pas fol? Est-il pas ainsi, que le profit de tes benefices causoyent que tu faisois le proces des Chrestiens? Confesse par là, que tu es vn fol, ie dis plus fol que non pas Esau, qui donna l'heritage de sa primogeniture pour vne escuelle de legumes : il ne donna qu'vn bien temporel, mais tu donnes vn Regne eternel, & prés peines eternelles, pour le plaisir & delectation de ton ventre. Confesse donc que ta folie est sans comparaison plus grande, que non pas celle d'Esau. Esau pleura son peché, ce neantmoins, il ne fut point exaucé : ie ne veux pas dire par là, que si tu confesses ton iniquité, que tu ne sois pardonné, mais i'ay grand peur, que tu n'en feras rien, attendu que tu batailles directement contre la verité de Dieu, que tu cognois bien. Ie n'eu pas si tost fini mon propos, que ce fol & insensé, ne se mist à ses efforts de me rendre honteux & vaincu és propos que ie luy auois tenu, & me dist à haute voix, Et en estes-vous encore là? Si ainsi estoit, que ie fusse fol pour tenir des benefices, le nombre des fols seroit terriblement grand. Lors ie luy dis tout doucement, que tous ceux qui boiuent le laict, & vestissent la laine des brebis, sans les repaistre, sont maudits : & luy alleguay le passage qui est escrit en Ieremie le Prophete, chapitre 34. Adonc il s'esleua d'vne brauade & furie merueilleusement superbe, en disant, Quoy? selon ton dire, il y en auroit vn bien grand nombre de damnez, & maudits de Dieu : car ie say qu'en nostre Cour souueraine, & en toutes les Cours de la France, il y a bien peu de Conseillers & Presidens, qui ne possedent quelque morceau de benefice, qui aide à entretenir les dorures & accoustremens, banquets & menus plaisirs de la maison, voire pour acquester auec le temps quelque place noble, ou office de plus grand honneur & authorité. Appelles-tu cela folie? C'est vne grandissime sagesse, disoit-il : mais c'est vne grand' folie, que de se faire pendre, ou brusler, pour soustenir les authoritez de la Bible. Item, disoit-il, ie say qu'il y a plusieurs grands Seigneurs en France, qui prenent le reuenu des benefices, toutesfois, ils ne sont pas fols, mais grandement sages : car cela aide beaucoup à entretenir leurs estats, honneurs, & grasses cuisines : & par tel moyen, ils ont de bons cheuaux, pour le seruice de la guerre. Quand i'eu entendu le propos de ce miserable symoniaque inueteré en sa malice, ie fus tout confus, & m'escriay en mon esprit, en esleuant les yeux en haut, & disant, O pauures Chrestiens, & où en estes vous? Vous pensiez abbatre l'idolatrie, & auoir gagné la partie, ie cognois à present, que vous n'auiez garde de ce faire: car selon le dire de cestuy Conseiller, vous auez toutes les Cours de Parlement contre vous: & s'il est ainsi, qu'il m'a dit, vous auez aussi plusieurs grands Seigneurs, qui prenent profit du reuenu des benefices, & tandis qu'ils seront repus d'vn tel bruuage, il faut que vous esperiez qu'ils seront tousiours vos ennemis capitaux & mortels. Parquoy, ie suis d'auis, que vous retourniez à vostre premiere simplicité, vous asseurant, que vous aurez des ennemis, & serez persecutez tout le temps de vostre vie, si par lignes directes vous voulez suiure & soustenir la querelle de Dieu: car telles sont les promesses originalement escrites au vieux & nouueau Testament. Ayez donc vostre refuge à vostre chef, protecteur, & capitaine nostre Seigneur Iesus Christ, lequel en temps & lieu, saura tresbien venger l'iniure qui luy aura esté faite, & en cas pareil la vostre.

L'Histoire.

Apres que i'eu apperceu les folies & malices des hommes, & consideré les horribles esmotions & guerres, qui ont esté ceste annee par tout le Royaume de France, ie pensay en moymesme de faire le dessein de quelque Ville ou Cité de refuge, pour se retirer és temps des guerres & troubles, à fin d'obuier à la malice de plusieurs horribles & insensez saccageurs, ausquels i'ay par cy deuant veu executer leurs rages furieuses, contre vne grãde multitude de familles, sans auoir esgard à la cause iuste ou iniuste, & mesme sans aucune cõmission ne mandemnt.

Demande.

Il semble à t'ouyr parler, que tu ne t'asseures pas de la paix, qu'il a pleu à Dieu nous enuoyer, & que tu as encore quelque crainte d'vne esmotion populaire.

Responce.

Ie prie à Dieu, qu'il luy plaise nous donner sa paix, mais si tu auois veu les horribles desbordemens des hommes, que i'ay veu durant ces troubles, tu n'as cheueux en la teste, qui n'eussent tremblé, craignant de tomber à la merci de la malice des hommes.

mes. Et celuy qui n'a veu ces choses, il ne sauroit iamais penser, combien la persecution est grande & horrible. Ie ne m'esmerueille pas, si le Prophete Dauid aima mieux eslire la peste, que non pas la famine & la guerre, en disant, que s'il auoit la peste, il seroit à la merci de Dieu, mais qu'en la guerre, il seroit à la merci des hommes, qui fut la cause, que Dieu estendit ses verges seulement sur son peuple, & non pas sur luy, parce qu'il estoit submis sous sa misericorde, & auoit directement confessé sa faute. Voila pourquoy ie te puis asseurer, que c'est vne chose horriblement à craindre, que de tomber sous la merci des hommes pernicieux & meschans.

Demande.

Ie te prie, me dire comment aduint ce diuorce en ce pays de Xaintonge: car il me semble, qu'il seroit bon de le mettre par escrit, à fin qu'il en demeurast vne perpetuelle memoire, pour seruir à ceux qui viendront apres nous.

Responce.

Tu sais qu'il y aura plusieurs historiens, qui s'employeront à cest affaire, toutesfois pour mieux descrire la verité, ie trouuerois bõ, qu'en chacune Ville, il y eust personnes deputees, pour escrire fidelement les actes qui ont esté faits durant ces troubles: & par tel moyen, la verité pourroit estre reduite en vn volume, & pour ceste cause, ie m'en vay commencer à t'en faire vn bien petit narre, non pas du tout, mais d'vne partie du commencement de l'Eglise reformee.

Tu dois entẽdre, que tout ainsi que l'Eglise primitiue fut erigee d'vn bien petit cõmencemẽt, & auec plusieurs perils, dãgers & grandes tribulatiõs, aussi sur ces derniers iours, la difficulté & dãgers, peines, trauaux & afflictiõs ont esté grãdes en ce pays de Xaintõge. Ie dis de Xaintõge, parce q̃ ie laisseray és habitãs d'vn autre Diocese, d'en escrire ce qu'ils en sauẽt à la verité. Il aduint l'an 1546. qu'aucuns Moines ayãs esté quelques iours és parties d'Allemagne, ou biẽ ayans leu quelques liures de leur doctrine, & se trouuans abusez, ils prindrent la hardiesse assez couuertemẽt, de descouurir quelques abus, mais soudain q̃ les Prestres & beneficiers entendirẽt qu'ils detractoyent de leurs coquilles, ils inciterent les iuges de leur courir sus : ce qu'ils faisoyent de bien bonne volonté, à cause qu'aucuns d'eux possedoyent quelque morceau de benefice, qui aidoit à faire bouillir le pot. Par ce moyen, aucuns desdits Moines estoyent contrains s'en fuyr, s'exiler, & se desfroquer, craignans qu'on les feist mourir de chaud. Les vns se faisoyent de mestier, les autres regentoyent en quelque village, & parce que les isles d'Olleron, de Marepnes, & d'Alleuert, sont loin des chemins publics, il se retira en ces isles là quelque nombre desdits moines, ayans trouué diuers moyens de viure, sans estre cogneus: & ainsi qu'ils frequentoyent les personnes, ils se hazardoyent de parler couuertemét, iusques à ce qu'ils fussent bien asseurez qu'on n'en diroit rien. Et apres que par tel moyen ils eurent reduit quelque quantité de personnes, ils trouuerent moyen d'obtenir la chaire, parce qu'en ces iours là, il y auoit vn grand Vicaire, qui les fauorisoit tacitement : dont s'en ensuiuit, que petit à petit en ces pays & isles de Xaintonge, plusieurs eurent les yeux ouuers, & cogneurent beaucoup d'abus quils auoyent auparauant ignorez, qui fut cause, que plusieurs eurent en grande estime lesdits Predicateurs, combien que pour lors ils descouuroyent les abus assez maigrement. Il y eut en ces iours là vn Collardeau, Procureur fiscal, homme peruers, & de mauuaise vie, qui trouua moyen d'aduertir l'Euesque de Xaintes, qui estoit pour lors à la Cour, luy faisant entendre que tout estoit plein de Lutheriens, & qu'il luy donnast charge & commission, pour les extirper, & non seulement luy escriuit plusieurs fois, mais aussi se transporta iusques audit lieu. Il feit tant par ces moyens, qu'il obtint vne commission de l'Euesque, & du Parlement de Bourdeaux, auec vne bonne somme de deniers, qui luy furent taxez par ladite Cour. Cela faisoit-il pour le guain, & non pour le zele de la Religion. Quoy fait, il pratiqua certains iuges, tant en l'isle d'Olleron, que d'Alleuert, & pareillemét à Gimosac, & ayant aposté ces iuges, il feit prendre le Prescheur de sainct Denis, qui est au bout de l'isle d'Olleron, nommé frere Robin, & tout par vn moyen, le feit passer en l'isle d'Alleuert, où il en print vn autre nommé Nicole, & quelques iours apres, il print aussi

celuy

celuy de Gimosac, qui tenoit eschole, & preschoit les Dimanches, estant fort aimé des habitans : & combien que ie pense qu'ils soyent escrits au liure des Martyrs, ce neantmoins, parce que ie say la verité de certains faicts insinuez, i'ay trouué bon les escrire, qui est, qu'eux ayans bien disputé, & soustenu leur Religion en la presence d'vn Nauieres Theologien, Chanoine de Xaintes, qui autresfois auoit commencé à descouurir les abus, toutesfois, parce que le ventre l'auoit gagné, il soustenoit du contraire, comme tresbien les pauures captifs luy sauoyent reprocher en son visage. Quoy qu'il en fut, ces pauures gens furent condamnez à estre desgraduez, & vestus d'accoustremens verds, à fin que le peuple les estimast fols ou insensez : & qui plus est, parce qu'ils soustenoyent virilemét la querelle de Dieu, ils furent bridez comme cheuaux par ledit Collardeau, auparauant que d'estre menez sur l'eschafaut, esquelles brides y auoit en chacune vne pomme de fer, qui leur emplissoit tout le dedans de leurs bouches, chose fort hideuse à voir : & estans ainsi desgraduez, ils les retournerent en prison, pour les mener à Bourdeaux, à fin de les condamner à mourir : mais entre les deux, il aduint vn cas admirable, sauoir est, que celuy à qui on vouloit le plus de mal, lequel on pensoit faire mourir le plus cruellemét, ce fut celuy qui leur eschappa, & sortit des prisons par vn moyen admirable : car pour se donner garde de luy, ils auoyent mis vn certain personnage sur les degrez d'vne auiz pres des prisons, pour escouter s'il se feroit quelque brisure : aussi on auoit eu des grans chiens des villages, qu'vn grand Vicaire auoit amené, ausquels on auoit dóné le large de la court de l'Euesché, à fin qu'ils abbayassent, si les prisonniers venoyent à sortir. Nonobstát toutes ces choses, frere Robin lima les fers qu'il auoit aux iambes, & les ayant limez, il bailla les limes à ses compagnós : & ce fait, il perça les murailles qui estoyent de bonne massonnerie, mais il aduint vn cas estrange, c'est que d'auenture il y auoit plusieurs barriques appilees l'vne sur l'autre, au deuant de ladite muraille, lesquelles barriques estans poussees à bas, menerét vn grand bruit, qui furét cause, que le portier se leua, & ayant long temps escouté, s'en retourna coucher : & ainsi, ledit frere Robin sortit

O

en la court,à la merci des chiens,toutesfois Dieu l'auoit inspiré d'auoir prins du pain,& quand il fut en la court,il le ietta ausdits chiens,qui eurent la gueule close, comme les Lions de Daniel. Or il faut noter,que ledit Robin n'auoit iamais esté en ceste Ville cy de Xaintes: pour ceste cause, estant en la court de l'Euesché,il estoit encore enfermé,mais Dieu voulut qu'il trouua vne porte ouuerte, qui se rendoit au iardin,auquel il entra,& se trouuant derechef enfermé de certaines murailles bien hautes, il apperceut à la clarté de la lune vn certain Poirier, qui estoit assez pres de ladite muraille,& estant monté audit Poirier, il apperceut par le dehors de ladite muraille vn fumier, sur lequel il pouuoit assez aisement sauter. Quoy voyant, il s'en retourna ès prisons, pour sauoir si quelqu'vn de ses compagnons auroit limé ses fers: mais voyant que non, il les consola, & exhorta à batailler virilement, & à prendre patiemment la mort, & en les embrassant, print congé d'eux,& s'en alla derechef monter sur le Poirier,& de là sauta sur les fumiers de la rue, mais ce fut vne chose tres-merueilleuse,procedante de la prouidence Diuine, comment ledit Robin peut eschapper le second danger: car parce qu'il n'auoit iamais esté en la Ville, il ne sauoit à qui se retirer: mais parce qu'il auoit esté malade d'vne pleuresie ès prisons,& qu'on luy auoit donné vn Medecin,& vn Apoticaire, ledit Robin couroit par les rues, en s'enquerant dudit Medecin & Apoticaire, desquels il auoit retenu le nom: mais en ce faisant,il alla tabourner en plusieurs portes des plus grands de ses ennemis,& entre les autres, à la porte d'vn Conseiller, qui fit diligence le lendemain pour sauoir de ses nouuelles, & promettoit cinquante escus de la part du grand Vicaire nômé Selliere,à celuy qui donneroit moyen de prendre ledit Robin. Iceluy donc frappant par les portes à l'heure de minuict, auoit diuinement pourueu à son affaire: car il auoit troussé son habit sur ses espaules, & auoit attaché son enferge en vne de ses iambes, & par tel moyen, ceux qui sortoyent aux fenestres, pensoyent que ce fust vn laquay. Il fit si bien, qu'il se sauua en quelque maison, & de là fut en mesme heure conduit hors la Ville, ce qui aduint au mois d'Aoust dudit an: mais ses deux

compa

compagnons furent bruslez, l'vn en ceste Ville de Xaintes, & l'autre à Libourne, à cause que le Parlement de Bourdeaux s'en estoit là fuy, pour raison de la peste, qui estoit lors en la ville de Bourdeaux, & moururent les susdits maistre Nicole & ses compagnons l'an 1546. au mois d'Aoust, endurans la mort fort constamment. L'Euesque, ou ses Conseillers, s'auiserent en ce temps-là d'vne ruse & finesse grandement subtile: car ayans obtenu quelque mandement du Roy, pour couper, vn grand nombre de forests, qui estoyent à l'entour de ceste Ville, toutesfois, parce que plusieurs auoyent leur iouyssance des bois & pasturages esdites forests, ils ne vouloyẽt permettre, qu'elles fussent abatues, mais ceux-cy suiuãs les ruses Mahometistes, s'auiserent de gagner le cœur du peuple par predicatiõs & presens faits au gens du Roy, & enuoyerent en ceste ville de Xaintes, & autres Villes du Diocese certains Moines Sorbonistes, qui escumoyent, bauoyent, se tormentoyent & viroyent, faisans gestes & grimaces estranges, & tous leurs propos n'estoyent que crier contre ces Chrestiens nouueaux, & aucunesfois ils exaltoyent leur Euesque, en disant qu'il estoit descendu du precieux sang de Monseigneur sainct Louys, & par tel moyen, le pauure peuple souffroit patiemment que tous leurs bois fussent coupez: & les bois estans ainsi coupez, il n'y eut plus de Predicateurs: voila comment le peuple fut deceu en ses biens, & pareillement en ses esprits. Par là tu peux aisement iuger, quel pouuoit estre l'estat de l'Eglise reformee, laquelle n'auoit encore aucune apparence d'Eglise, sinon aucuns, qui tacitement, & auec crainte detractoyent de la Papauté. Il y eut quelque temps apres, l'an 1557. qu'vn nommé maistre Philebert Hamelin, qui auoit esté autresfois prisonnier en ceste Ville, & prins par le mesme Collardeau, se transporta derechef en ceste ville de Xaintes, & parce qu'il auoit demeuré à Geneue vn bien long temps depuis son emprisonnement, & ayant augmenté audit Geneue de Foy & de doctrine, il auoit tousiours vn remords de conscience, de ce qu'il auoit dissimulé en sa confession faite en ceste Ville, & voulant reparer sa faute, il s'efforçoit par tout où il passoit, d'inciter les hommes d'auoir des Ministres, & de dresser quelque forme d'Eglise,& s'en alloit ainsi par le pays de France, ayant quelques seruiteurs qui vendoyent des Bibles, & autres liures imprimez en son Imprimerie: car il s'estoit desprestré & fait Imprimeur. En ce faisant, il passoit quelque fois par ceste ville, & alloit aussi en Alleuert. Or il estoit si iuste, & d'vn si grand zele, que combien qu'il fust homme assez mal portatif, il ne voulut iamais prendre de cheuaux, encore que plusieurs l'en requeroyent d'vne bône affection. Et combien qu'il eust biend equoy moyenemét, si est-ce qu'il n'auoit aucune espee à sa ceinture: ains seulement vn simple baston en la main, & s'en alloit ainsi tout seul, sans aucune crainte. Or aduint vn iour, apres qu'il eut fait quelques prieres & petites exhortations en ceste ville, ayant au plus sept ou huit auditeurs, il print son chemin, pour aller en Alleuert, & deuant que partir, il pria le petit troupeau de l'assemblee, de se congreger, de prier & s'exhorter l'vn l'autre: & ainsi, s'en alla en Alleuert, tendant à fin de gagner le peuple à Dieu, & là estant recueilli benignement, par la plus grand' partie du peuple, fit certains presches au son de la cloche, & baptisa vn enfant. Quoy voyant les Magistrats de ceste ville, contraindrent l'Euesque d'exhiber deniers, pour faire la suite dudit Philebert, auec cheuaux, gens-d'armes, cuisiniers & viuandiers. L'Euesque & certains Magistrats de ceste ville se transporterent au lieu d'Alleuert, là où ils firent rebaptiser l'enfant qui auoit esté baptisé par ledit Philebert, & ne le pouuans là attraper, ils le suiuirent à la trace, iusques à ce qu'ils l'eurent troué en la maison d'vn Gentil-homme, & ainsi, l'amenerent en ceste ville comme mal-faicteur, és prisons criminelles, combien que ses œuures rendent certain tesmoignage, qu'il estoit enfant de Dieu, & directement esleu. Il estoit si parfait en ses œuures, que ses ennemis estoyent contraints de confesser, qu'il estoit d'vne vie saincte, toutesfois sans approuuer sa doctrine. Ie suis tout esmerueillé, comment les hommes ont osé asseoir iugement de mort sur luy, veu qu'ils sauoyent bien, & auoyent entendu sa saincte conuersation: car ie suis asseuré, & le puis dire à la verité, que deslors qu'il fut amené és prisons de Xaintes, ie prins la hardiesse (combien que les iours fussent perilleux en ce temps

là

là) d'aller remonstrer à six des principaux Iuges & Magistrats de ceste ville de Xaintes, qu'ils auoyent emprisonné vn Prophete, ou Ange de Dieu, enuoyé pour annoncer sa Parole, & iugement de condamnation aux hommes sur le dernier temps, leur asseurant, qu'il y auoit onze ans, que ie cognoissois ledit Philebert Hamelin d'vne si saincte vie, qu'il me sembloit, que les autres hommes estoyent diables au regard de luy. Il est certain, que les Iuges vserent d'humanité en mon endroit, & m'escouterent benignement: aussi parlois-ie à vn chacun d'eux estant en sa maison. Finalement ils traitterent assez benignement ledit maistre Philebert, toutesfois ils ne se peuuent excuser, qu'ils ne soyent coulpables de sa mort. Vray est qu'ils ne le tuerent pas non plus que Pilate & Iudas Iesus Christ, mais ils le liurerent entre les mains de ceux qu'ils sauoyent bien qu'il le feroyēt bien mourir. Et pour mieux paruenir à vn lauemain, pour s'en descharger, ils s'auiserent qu'il auoit esté Prestre en l'Eglise Romaine, parquoy l'enuoyerent à Bourdeaux auec bonne & seure garde, par vn Preuost des Mareschaux: veux-tu bien cognoistre comment ledit Philebert estoit de saincte vie? on luy donnoit liberté d'estre en la chambre du Geolier, & de boire & manger à sa table, ce qu'il fit, pendāt qu'il estoit en ceste Ville: mais apres que par plusieurs iours il eut trauaillé, & prins peine de reprimer les ieux & blasphemes qui se commettoyent en la chambre du Geolier, il fut si desplaisant, voyant qu'ils ne se vouloyent corriger, que pour obuier à entendre vn tel mal, soudain qu'il auoit disné, il se faisoit mener en vne chambre criminelle, & estoit là tout le long du iour tout seul, pour obuier les compagnies mauuaises. Item, veux-tu encore mieux sauoir, combien il cheminoit droitement? Luy estant en prison, suruint vn Aduocat du pays de France, de quelque lieu où il auoit erigé vne petite Eglise, lequel Aduocat apporta trois cents liures, qu'il presenta au Geolier, pourueu qu'il voulust de nuict mettre ledit Philebert hors des prisons. Quoy voyant le Geolier fut presque incité à ce faire; toutesfois il demanda conseil audit maistre Philebert, lequel respondant, luy dist, qu'il valoit mieux qu'il mourust par la main de l'executeur, que de le mettre en p ine pour luy. Quoy sachant ledit Aduocat, rapporta son argent : ie te demande, Qui est celuy de nous, qui voudroit faire le semblable, estant à la merci des hommes ennemis, comme il estoit? Les Iuges de ceste Ville sauoyent bien qu'il estoit de saincte vie, toutesfois ils l'ont fait pour crainte de perdre leurs offices, ainsi le faut-il entendre. Ie fus bien aduerti, que cependant que ledit Philebert estoit ès prisons de ceste Ville, qu'il y eut vn personnage, qui parlant dudit Philebert, dist à vn Conseiller de Bourdeaux : On vous amenera vn de ces iours vn prisonnier de Xaintes, qui parlera bien à vous, Messieurs : mais le Conseiller en blasphemant le nom de Dieu, iura qu'il ne parleroit pas à luy, & qu'il se donneroit bien garde d'assister à son iugement. Ie te demande, ce Conseiller se disoit estre Chrestien, il ne vouloit pas cōdamner le Iuste : toutesfois, puis qu'il estoit constitué Iuge, il n'aura point d'excuse : car puis qu'il sauoit que l'autre estoit homme de bien, il deuoit de son pouuoir s'opposer au iugement de ceux qui par ignorance, ou par malice le condamnerent, liurerent, & firent pendre comme vn larron, le 18. d'Auril de l'an susdit. Quelque temps auparauant la prise dudit Philebert, il y eut en ceste Ville vn certain artisan, pauure & indigent à merueilles, lequel auoit vn si grand desir de l'auancement de l'Euangile, qu'il le demōstra quelque iour à vn autre artisan aussi pauure que luy, & d'aussi peu de sauoir, car tous deux n'en sauoyent guere : toutesfois le premier remonstra à l'autre, que s'il vouloit s'employer à faire quelque forme d'exhortation, ce seroit la cause d'vn grand fruit : & combien que le second se sentoit totalement desnué de sauoir, cela luy donna courage : & quelques iours apres, il assembla vn Dimanche au matin neuf ou dix personnes, & parce qu'il estoit mal instruit ès lettres, il auoit tiré quelques passages du vieux & nouueau Testament, les ayant mis par escrit. Et quand ils furent assemblez, il leur lisoit les passages ou authoritez, en disant, Qu'vn chacun selon ce qu'il a receu de dons, qu'il faut qu'il les distribue aux autres, & que tout arbre qui ne fera point de fruit, sera coupé & ietté au feu : aussi il lisoit vn autre authorité prise au Deuteronome, là où il est dit, Vous annoncerez ma Loy en allant, en venant,

venant, en buuant, en mangeant, en vous couchant, en vous leuant, & estant assis en la voye: il leur proposoit aussi la similitude des talens, & vn grand nombre de telles authoritez, & ce faisoit-il, tendant à deux bonnes fins, la premiere estoit, pour monstrer qu'il appartient à toutes gens de parler des statuts & ordonnances de Dieu, & à fin qu'on ne mesprisast sa doctrine, à cause de son abiection: la seconde fin, estoit à fin d'inciter certains auditeurs, de faire le semblable: car en ceste mesme heure, ils conuindrent ensemble, que six d'entr'eux exhorteroyent par hebdomade, sauoir est, vn chacun de six en six semaines, les Dimanches seulement. Et parce qu'ils entreprenoyent vn affaire, auquel ils n'auoyent iamais esté instruits, il fut dit, qu'ils mettroyent leurs exhortations par escrit, & les liroyent deuant l'assemblee: or toutes ces choses furent faites par le bon exemple, conseil & doctrine de maistre Philebert Hamelin. Voila le commencement de l'Eglise reformee de la ville de Xaintes. Ie m'asseure, qu'il y a eu au commencement telle assemblee, que le nombre n'estoit que de cinq seulement, & pendant que l'Eglise estoit ainsi petite, & que ledit maistre Philebert estoit en prison, il arriua en ceste Ville vn Ministre nommé de la Place, lequel auoit esté enuoyé, pour aller prescher en Alleuert: mais ce mesme iour, le Procureur dudit Alleuert se trouua en ceste Ville, qui certifia, qu'il y seroit fort mal venu, à cause de ce Baptesme, que maistre Philebert auoit fait, parce qu'on auoit condamné plusieurs assistans à fort grandes amendes, qui fut le moyen, que nous priasmes ledit de la Place, de nous administrer la Parole de Dieu, & fut receu pour nostre Ministre, & demeura iusques à ce que nous eusmes Monsieur de la Boissiere, qui est celuy que nous auōs encore à present: mais c'estoit vne chose pitoyable, car nous auiōs bon vouloir, mais le pouuoir d'entretenir les Ministres n'y estoit pas, veu que de la Place pendant le tēps que nous l'eusmes, il fut entretenu vne partie aux despēs des Gentils-hōmes, qui l'appelloyēt souuēt, mais craignās que cela ne fust le moyē de corrōpre nos Ministres, on conseilla à Monsieur de la Boissiere de ne partir de la Ville sans congé, pour seruir à la noblesse, veu qu'aussi il y eut vrgent affaire. Par tel moyen, le pauure homme estoit reclos comme vn prisonnier, & bien souuent mangeoit des pommes, & buuoit de l'eau à son disner: & par faute de nape, il mettoit bien souuent son disner sur vne chemise, parce qu'il y auoit bien peu de riches, qui fussent de nostre assemblee, & si n'auions pas dequoy luy payer ses gages. Voila comment nostre Eglise a esté erigee au commencement par gens mesprisez: & alors que les ennemis d'icelle la vindrent saccager & persecuter, elle auoit si bié profité en peu d'annees, que desia les ieux, dãses, ballades, banquets & superfluytez de coiffures & dorures, auoyent presque toutes cessé: il n'y auoit plus guere de paroles scandaleuses, ni de meurtres. Les proces commençoyent grandement à diminuer: car soudain que deux hommes de la Religion estoyent en proces, on trouuoit moyen de les accorder: & mesme bien souuent, deuant que commencer aucun proces, vn homme n'y eust point mis vn autre, que premieremét il ne l'eust fait exhorter à ceux de la Religion. Quand le temps s'approchoit de faire ses Pasques, plusieurs haines, dissensions & querelles estoyent accordees: il n'estoit question que de Pseaumes, Prieres, Cantiques & Chansons spirituelles, & n'estoit plus question de Chansons dissolues ni lubriques. L'Eglise auoit si bien profité, que mesme les Magistrats auoyent policé plusieurs choses mauuaises, qui dependoyent de leurs authoritez. Il estoit defendu aux Hosteliers de ne tenir ieux, ni de donner à boire & à manger à gens domiciliers, à fin que les hommes desbauchez se retirassent en leurs familles. Vous eussiez veu en ces iours là és Dimanches, les compagnons de mestier se pourmener par les prairies, boscages, ou autres lieux plaisans, chantans par troupes Pseaumes, Cantiques & Chansons spirituelles, lisans & s'instruisans les vns les autres. Vous eussiez aussi veu les filles & vierges assises par troupes és iardins, & autres lieux, qui en cas pareil se delectoyent à chanter toutes choses sainctes: d'autre part, vous eussiez veu les pedagogues, qui auoyent si bien instruit la ieunesse, que les enfans estoyent tellement enseignez, que mesme il n'y auoit plus de geste puerile, ains vne constance virile. Ces choses auoyent si bien profité, que les personnes auoyent changé leurs manie, manieres de faire, mesme iusques à leurs contenances. L'Eglise fut erigee au commencement auec grande difficulté & eminens perils: nous estions blasmez & vituperez de calomnies peruerses & meschantes. Les vns disoyent, si leur doctrine estoit bonne, ils prescheroyent publiquement: les autres disoyent, que nous nous assemblions pour paillarder, & qu'en nos assemblees, les femmes estoyent communes: les autres disoyent, que nous allions baiser le cul au diable, auec de la chandelle de rosine. Nonobstant toutes ces choses, Dieu fauorisa si bien nostre affaire, que combien que nos assemblees fussent le plus souuent à plein minuit, & que nos ennemis nous entendoyent souuent passer par la ruë, si est-ce que Dieu leur tenoit la bride serree en telle sorte, que nous fusmes conseruez sous sa protection, & lors que Dieu voulut que son Eglise fust manifestee publiquement, & en plein iour, il fit en nostre ville vn œuure admirable: car il fut enuoyé à Tolose deux des principaux chefs, lesquels n'eussent voulu permettre nos assemblees estre publiques, qui fut la cause, que nous eusmes la hardiesse de prendre la halle. Ce que nous n'eussions seu faire, sans grands scandales, si lesdits chefs eussent esté en la ville. Et qu'ainsi ne soit, tu ne peus nier, que depuis ces troubles, ils ne se soyent totalement appliquez à rabaisser, ruyner & anichiler, enfocer & abysmer la petite nasselle de l'Eglise reformee. Par là, ie puis aisement iuger, que Dieu les a tenus l'espace de deux annees, ou enuiron à Tolose, à fin qu'ils ne nuisissent à son Eglise, durant le temps qu'il la vouloit manifester publiquement: combien que l'Eglise eut de grans ennemis, toutesfois elle fleurit en telle sorte en peu d'annees, que mesme les ennemis d'icelle, à leur tres-grand regret estoyent contraints de dire bien de nos Ministres, & singulierement de Monsieur de la Boissiere, parce que sa vie les redarguoit, & rendoit bon tesmoignage de sa doctrine. Or aucuns Prestres commençoyent d'assister aux assemblees, à estudier, & prendre conseil de l'Eglise: mais quand quelqu'vn de l'Eglise faisoit quelque faute, ou tort à quelqu'vn des aduersaires, ils sauoyent tres-bien dire, Vostre ministre ne vous a pas conseillé de faire ce mal; & ainsi, les ennemis de l'Euangile auoyent la bouche close, & combien qu'ils eussent en haine les Ministres, ils n'osoyent mesdire d'eux, à cause de leur bonne vie. En ces iours là, les prestres & moines furent blasmez du commun: sauoir est, des ennemis de la Religion, & disoyent ainsi, les Ministres font des prieres, que nous ne pouuons nier qu'elles ne soyent bonnes: pourquoy est-ce que vous ne faites le semblable? Quoy voyant Monsieur le Theologien du Chapitre, se print à faire les prieres, comme les Ministres: aussi firent les moines qu'ils auoyent à gages pour leur Predication: car s'il y auoit vn fin freré, mauuais garçon, & subtil argumentateur de moine en tout le pays, il faloit l'auoir en l'Eglise Cathedrale. Voila comment en ces iours là, il y auoit prieres en la ville de Xaintes tous les iours d'vne part & d'autre. Veux-tu bien cognoistre, comment les Ecclesiastiques Romains faisoyent lesdites prieres par hypocrisie & malice? Regarde vn peu, ils n'en font plus à present, ni n'en faisoyent au parauant la venue des Ministres: Est-il pas aisé à iuger, que ce qu'ils en faisoyent, estoit seulement pour dire, ie say faire cela aussi bien comme les autres? Quoy qu'il en soit, l'Eglise profita si bien alors, que les fruits d'icelle, demeureront a iamais: & ceux qui ont esperance de voir l'Eglise abbatue & anichilee, ils seront confus: car puis que Dieu l'a garentie lors qu'ils n'estoyent que trois ou quatre pauures gens mesprisez, combien plus auiourd'huy aura-il soin d'vn grand nombre? Ie ne doute pas qu'elle ne soit tormentee: cela nous doit estre tout resolu, puis qu'il est escrit: mais ce ne sera pas selon la mesure & desir de ses ennemis. Plusieurs gens des villages en ces iours là demandoyent des Ministres à leurs Curez ou fermiers, ou autrement, ils disoyent qu'ils n'auroyent point de disme: cela faschoit plus les prestres, que nulle autre chose, & leur estoit fort estrange. En ce temps là furent faits des actes assez dignes de faire rire & pleurer tout à vn coup: car aucuns fermiers ennemis de la Religion, voyans telles nouuelles, s'en alloyent aux Ministres, pour les prier de venir exhorter le peuple, d'où ils estoyent fermiers: & ce, à fin d'estre payez des dismes. Quand ils ne pouuoyent finir de Ministres, ils demandoyent des anciens. Ie ne

ris

ris iamais de si bon courage, toutesfois en pleurand, quant i'ouy dire, que le Procureur qui estoit Greffier criminel, lors qu'on faisoit les proces de ceux de la Religion, auoit luy-mesme fait les prieres vn peu au parauant le saccagement de l'Eglise en la Parroisse d'où il estoit fermier: à sauoir mon si lors qu'il faisoit luy-mesme les prieres, s'il estoit meilleur Chrestien, que quand il escriuoit les proces contre ceux de la Religion: certes autant bon Chrestien estoit-il, lors qu'il escriuoit les proces, comme quand il faisoit les prieres, attendu qu'il ne les faisoit, que pour auoir les gerbes & fruits des laboureurs. Le fruit de nostre petite Eglise auoit si bien profité, qu'ils auoyent contraint les meschans d'estre gens de bien, toutesfois leur hypocrisie a esté depuis amplement manifestee & cogneuë: car lors qu'ils ont eu liberté de mal faire, ils ont monstré exterieurement ce qu'ils tenoyent caché dedans leurs miserables poitrines: ils ont fait des actes si miserables, que i'ay horreur seulement de m'en souuenir, au temps qu'ils s'esleuerent pour dissiper, abysmer, perdre & destruire ceux de l'Eglise reformee. Pour obuier à leurs tyrannies horribles & execrables, ie me retiray secrettement en ma maison, pour ne voir les meurtres, reniemens, & destroussemens, qui se faisoyent és lieux champestres: & estant ainsi retiré en ma maison l'espace de deux mois, il m'estoit auis, que l'enfer auoit esté desfonsé, & que tous les esprits diaboliques estoyent entrez en la ville de Xaintes: car au lieu que i'entendois vn peu au parauant Pseaumes, Cantiques, & toutes paroles honnestes d'edification & bon exemple, ie n'entendois que blasphemes, bateries, menaces, tumultes, toutes paroles miserables, dissolution, chansons lubriques & detestables, en telle sorte, qu'il me sembloit, que toute la vertu & saincteté de la terre estoit estouffee & esteinte: car il sortit certains diabletons du Chasteau de Taillebourg, qui faisoyent plus de mal, que non pas ceux qui estoyent diables d'ancieneté. Eux entrans en la ville, accompagnez de certains prestres, ayans l'espee nue au poing, crioyent, Où sont ils? il faut couper gorge tout à main, & faisoyent ainsi des mouuans, sachans bien, qu'il n'y auoit aucune resistance: car ceux de l'Eglise reformee s'estoyent tous abſentez : toutesfois pour faire des mauuais, ils trouuerent vn Pariſien en la rue, qui auoit bruit d'auoir de l'argent : ils le tuerent, ſans auoir aucune reſiſtance, & en vſant de leur meſtier accouſtumé, le mirent en chemiſe deuant qu'il fuſt acheué de mourir. Apres cela, ils s'en allerent de maiſon en maiſon, prendre, piller, ſaccager, gourmander, rire, moquer & gaudir auec toutes diſſolutions, & paroles de blaſphemes contre Dieu & les hommes : & ne ſe contentoyent pas ſeulement de ſe moquer des hommes, mais auſſi ſe moquoyent de Dieu : car ils diſoyent, que Agimus auoit gagné Pere eternel. En ce iour là, il y auoit certains perſonnages és priſons, que quand les pages des Chanoines paſſoyent par deuant leſdites priſons, ils diſoyent en ſe moquant, Le Seigneur vous aſſiſtera, & luy diſoyent encore, or dites à preſent, Reuenge moy, pren la querelle : & pluſieurs autres en frapant d'vn baſton, diſoyent, Le Seigneur vous benie. Ie fus grandement eſpouuanté l'eſpace de deux mois, voyant que les porte-faix, & beliſtreaux eſtoyét deuenus ſeigneurs aux deſpens de ceux de l'Egliſe reformee ; ie n'auois tous les iours autre choſe, que rapports des cas eſpouuantables qui de iour en iour s'y commettoyét, & de tout ce que ie fus le plus deſplaiſant en moy-meſme, ce fut de certains petis enfans de la Ville, qui ſe venoyent iournellement aſſembler en vne place pres du lieu où i'eſtois caché, (m'exerçant toutesfois à faire quelque œuure de mon art,) qui ſe diuiſans en deux bandes, & iettans des pierres les vns contre les autres, iuroyent & blaſphemoyent le plus execrablement, que iamais homme ouyt parler : car ils diſoyent, par le ſang, mort, teſte, double teſte, triple teſte, & des blaſphemes ſi horribles, que i'ay quaſi horreur de les eſcrire : or cela dura aſſez long temps, ſans que les peres ni meres, y miſſent aucune police. Il me prenoit ſouuent enuie de hazarder ma vie, pour en faire la punition : mais ie diſois en mon cœur le Pſeaume 79. qui ſe commence, Les gens entrez ſont en ton heritage. Ie ſay que pluſieurs Hiſtoriens deſcriront les choſes plus au long, toutesfois, i'ay bien voulu dire ceci en paſſant, parce que durant ces iours mauuais, il y auoit bien peu de gens de l'Egliſe reformee en ceſte Ville.

De la

DE LA VILLE de forteresse.

Velque temps apres que i'eu consideré les horribles dangers de la guerre, desquels Dieu m'auoit merueilleusement deliuré, il me print enuie de designer & pourtraire l'ordonnance de quelque Ville, en laquelle on peust estre asseuré au temps de guerre: mais considerant les furieuses batteries, desquelles auiourd'huy les hommes s'aident, i'estois presque hors d'esperance, & estois tous les iours la teste baissee, craignant de voir quelque chose, qui me fist oublier les choses, que ie voulois penser: car mon esprit voltigeoit tantost en vne Ville, & tantost en l'autre, en me trauaillant, pour rememorer les forces d'icelles, & sauoir, si ie me pourrois aider en partie de l'ordonnance d'icelles, pour seruir à mon dessein: mais ie trouuay en toutes icelles, vne maniere de faire fort contraire à mon opinion: car les habitans les fortifient, en rompant les maisons, qui sont ioignant les murailles de la cloison de la Ville, & font de grandes allees entre les maisons & lesdites murailles: & cela disent-ils estre necessaire, pour batailler, defendre & trainer toute espece d'engin & artillerie: mais ie trouuay aussi, que c'estoit pour faire tuer beaucoup d'hommes, & n'ay iamais seu persuader en mon esprit, qu'vne telle inuention fust bonne: & m'asseure, que si du temps que les colomnes furent inuentees, l'artillerie eust regné comme elle fait à present, que nos anciens edificateurs n'eussent point edifié les Villes auec separation des maisons aux murailles. Et quoy? en temps de Paix les murailles sont inutiles, quelques grands thresors & labeurs qui y ayent esté employez. Ayant donc consideré ces choses, ie trouuay, que lesdites Villes ne me pouuoyent seruir d'aucun exemplaire, veu que quand les murailles sont gagnees, la ville est contrainte se rendre. Voila bien vn pauure corps de Ville, quand les membres ne se peuuent consolider, & aider l'vn l'autre. Brief, toutes telles Villes sont mal designees, attendu que les membres ne sont point concathenez auec le corps principal. Il est fort aise de battre le corps, si les membres ne donnent aucun secours. Quoy voyant, i'ostay mon esperance de prendre aucun exemplaire es Villes qui sont edifiees à present, ains transportay mon esprit, pour contempler les pourtraits des compartimens, & autres figures, qui ont esté faites par maistre Iaques du Cerseau, & plusieurs autres pourtrayeurs. Ie regarday aussi les plans & figures de Victruue & Sebastiane, & autres Architectes, pour voir si ie pourrois trouuer en leurs pourtraits quelque chose, qui me peust seruir, pour inuenter ladite Ville de forteresse; mais iamais il ne me fut possible de trouuer aucun pourtrait, qui me seust aider à cest affaire. Quoy voyant, ie m'en allay comme vn homme transporté de son esprit, la teste baissee, sans saluer ni regarder personne, à cause de mon affection, qui estoit occupee à ladite Ville, & m'en allant ainsi, faisant visiter tous les iardins les plus excellens qu'il me fut possible de trouuer (& ce, à fin de voir s'il y auoit quelque figure de labyrinthe inuentee par Dedalus, ou quelque parterre, qui me peust seruir à mon dessein,) il ne me fut possible de trouuer rien, qui contentast mon esprit. Alors ie commençay d'aller par les bois, montagnes & vallees, pour voir si ie trouuerois quelque industrieux animal, qui eust fait quelque maison industrieuse: ce que cerchant, i'en vis vn tres-grand nombre, qui me rendit tout estonné de la grande industrie, que Dieu leur auoit donnee: & entre les autres, ie fus fort esmerueillé d'vne forteresse, que l'oriou auoit faite, pour la sauue-garde de ses petis, car ladite forteresse estoit pendue en l'air, par vne admirable industrie: toutesfois, ie ne peu là rien profiter pour mon affaire. Ie vis aussi vne ieune limace, qui bastissoit sa maison & forteresse de sa propre saliue: & cela faisoit-elle petit à petit par diuers iours: car ayant prins ladite limace, ie trouuay, que le bord de son bastiment estoit encore liquide, & le surplus dur, & cogneus lors, qu'il faloit quelque temps, pour endurcir

la

la saliue, de laquelle elle bastissoit son fort. Adonc ie prins grãde occasion de glorifier Dieu en toutes ses merueilles, & trouuay, que cela me pourroit quelque peu aider à mon affaire : pour le moins, cela m'encouragea, & me tint en esperance de paruenir à mon dessein : alors bien ioyeux, ie me pourmenay deçà delà, d'vn costé & d'autre, pour voir si ie pourrois encore apprendre quelque industrie sur les bastimens des animaux, ce qui dura l'espace de plusieurs mois ; en exerçant toutesfois tousiours mon art de terre, pour nourrir ma famille. Apres que plusieurs iours i'eu demeuré en ce debat d'esprit, i'auisay de me transporter sur le riuage, & rochers de la mer Oceane, où i'apperceu tant de diuerses especes de maisons & forteresses, que certains petis poissons auoyent faites de leur propre liqueur & saliue, que deslors ie commençay à penser, que ie pourrois trouuer là quelque chose de bon, pour mon affaire. Adonc, ie commençay à contempler l'industrie de toutes ces especes de poissons, pour apprendre quelque chose d'eux, en commençant des plus grãds aux plus petis : ie trouuay des choses qui me rendoyent tout confus, à cause de la merueilleuse prouidence Diuine, qui auoit eu ainsi soin de ses creatures, tellement que ie trouuay, que celles qui sont de moindre estime, Dieu les a pourueuës de plus grande industrie, que non pas les autres : car pensant trouuer quelque grande industrie & excellente sapience ès gros poissons, ie n'y trouuay rien d'industrieux, ce qui me fit considerer, qu'ils estoyent assez armez, crains & redoutez, à cause de leur grandeur, & qu'ils n'auoyent besoin d'autres armures : mais quant est des foibles, ie trouuay que Dieu leur auoit donné industrie, de sauoir faire des forteresses merueilleusement excellentes à l'encontre des brigues de leurs ennemis : i'apperceu aussi, que les batailles & brigueries de la mer, estoyent sans comparaison plus grandes esdits animaux, que non pas celles de la terre, & vis, que la luxure de la mer, estoit plus grande, que celle de la terre, & que sans comparaison, elle produit plus de fruit. Ayant dõc prins affection de contẽpler de bien pres ces choses, ie prins garde, qu'il y auoit vn nombre infini de poissons, qui estoyent si foibles de leur nature, qu'il n'y auoit aucune apparence de vie fors qu'vne forme de liqueur baueuse, comme sont les huitres, les moucles, les sourdons, les petoncles, les auaillons, les palourdes, les dailles, les hourmeaux, les gembles, & vn nombre infini de burgaux de diuerses especes & grandeurs. Tous ces poissons susdits sont foibles, comme ie t'ay cy deuant dit: mais quoy? voici à present vne chose admirable, qui est, que Dieu a eu si grand soin d'eux, qu'il leur a donné industrie de se sauoir faire à chacun d'eux vne maison, construite & niuelee par vne telle Geometrie & Architecture, que iamais Salomon en toute sa Sapience ne seut faire chose semblable: & quand mesme tous les esprits des humains seroyent assemblez en vn, ils n'en sauroyent auoir fait le plus moindre traict. Quand i'eu contemplé toutes ces choses, ie tombay sur ma face, & en adorant Dieu, me prins à escrier en mon esprit, en disant, O bon Dieu! ie puis à present dire, comme le Prophete Dauid ton seruiteur: Et qu'est-ce que de l'homme, que tu as eu souuenance de luy? & que mesme tu as fait toutes ces choses pour son seruice & commodité? toutesfois, Seigneur, il n'a honte de s'esleuer contre toy, pour destruire & mettre à neant, ceux que tu as enuoyez en la terre, pour annõcer ta iustice & iugement aux hommes. O bon Dieu! & qui sera celuy qui ne s'esmerueillera de ta patience merueilleuse? Iusques à quand laisseras-tu souffrir & endurer les Prophetes & esleus, que tu as mis à la merci de ceux qui ne cessent de les tormenter? Ce fait, ie me pourmenay sur les rochers, pour contẽpler de plus pres les excellentes merueilles de Dieu, & ayant trouué certains gembles, qu'on appelle autrement œils de bouc, i'apperceu qu'ils estoyent armez par vne grande industrie: car n'ayans qu'vne coquille sur le dos, ils s'attachoyent contre les rochers, en telle sorte, que ie pense qu'il n'y a nul poisson en la mer, tant soit-il furieux, qui le seust arracher de ladite roche. Et quand on veut arracher ledit poisson, qui n'est que baue, ou vne liqueur endurcie, si on faille du premier coup de l'arracher, en mettant vn couteau entre la roche & luy, il se viendra si fort reserrer & ioindre à la roche, qu'il n'est plus possible de l'arracher, qui est chose admirable, veu la foiblesse de son estre. L'hourmeau, & plusieurs autres especes s'attachent.

tachent en cas pareil : car autrement leurs ennemis les deuoreroyent soudain. N'est-ce pas aussi chose admirable, de l'herisson de mer? lequel parce que sa coquille est assez foible, Dieu luy a donné moyen de sauoir faire plusieurs espines piquantes par dessus son halecret & forteresse, tellement qu'estant attaché sur la roche, on ne le sauroit prendre sans se piquer. N'est-ce pas vne chose admirable, de voir les poissons qui sont armez de deux coquilles? Si tu consideres les petoncles, & les sourdons, & plusieurs autres especes, tu trouueras vne industrie telle, qu'elle te donnera occasion de rabaisser ta gloire. As-tu iamais veu chose faite de main d'homme, qui se peust rassembler si iustement, que font les deux coquilles & harnois desdits sourdons & petoncles? Certes il est impossible aux hommes, de faire le semblable. Penses-tu que ces petites concauitez & neruures, qui sont desdites coquilles, soyent faites seulement par ornement, & beauté? Non, non : il y a quelque chose d'auantage : Cela augmente en telle sorte la force de ladite forteresse, comme feroyent certains arbotans appuyez contre vne muraille, pour la consolider : & de ce n'en faut douter, i'en croiray tousiours les Architectes de bon iugement. Penses-tu que les poissons qui erigent leurs forteresses par lignes aspirales, ou en forme de limaçe, que ce soit sans quelque raison? Non, ce n'est pas pour la beauté seulement, il y a bien autre chose. Tu dois entendre, qu'il y a plusieurs poissons, qui ont le museau si pointu, qu'ils mangeroyent la plus part des susdits poissons, si leur maison estoit droite : mais quand ils sont assaillis par leurs ennemis à la porte, en se retirant au dedans, ils se retirent en vironnant, & suiuant le traict de la ligne aspirale : & par tel moyen, leurs ennemis ne leur peuuent nuire. Quoy consideré, ce n'est pas donc pour la beauté que ces choses sont ainsi faites, ains pour la force. Qui sera l'homme si ingrat, qui n'adorera le Souuerain Architecte, en contemplant les choses susdites? Me pourmenant ainsi sur les rochers, ie voyois des merueilles, qui me donnoyent occasion de crier, en ensuiuant le Prophete : Non pas à nous, Seigneur, non pas à nous : mais à ton Nom donne gloire & honneur, & commençay à penser en moy-mesme, que ie ne pourrois trouuer aucune chose de meilleur conseil, pour faire le dessein de ma Ville de forteresse: lors ie me mis à regarder, lequel de tous les poissons, seroit trouué le plus industrieux en l'architecture, à fin de prendre quelque conseil de son industrie. Or en ce temps-là, vn Bourgeois de la Rochelle nommé l'Hermite, m'auoit fait present de deux coquilles bien grosses, sauoir est, de la coquille d'vn pourpre, & l'autre, d'vn buxine, lesquelles auoyent esté apportees de la Guiene, & estoyent toutes deux faites en façon de limace, & ligne aspirale: mais celle du buxine estoit plus forte, & plus grande que l'autre, toutesfois veu le propos que i'ay tenu cy dessus, c'est que Dieu a donné plus d'industrie és choses foibles, que non pas aux fortes, ie m'arrestay à contempler de plus pres la coquille du pourpre, que non pas celle du buxine, parce que ie m'asseurois, que Dieu luy auroit donné quelque chose d'auantage, pour recompense sa foiblesse. Et ainsi, estant long temps arresté sur ces pensees i'auisay en la coquille du pourpre, qu'il y auoit vn nombre de pointes assez grosses, qui estoyent à l'entour de ladite coquille: ie m'asseuray deslors, que non sans cause, lesdites cornes auoyent esté formees, & que cela estoit autant de ballouars, & defenses, pour la forteresse & retraitte dudit pourpre. Quoy voyant, ne trouuay rien meilleur, pour edifier ma Ville de forteresse, que de prendre exemple sur la forteresse dudit pourpre, & pris quant & quant vn compas, reigle, & autres outils necessaires, pour faire mon pourtrait. Premierement, ie fis la figure d'vne grande place carrée, à l'entour de laquelle, ie fis le plan d'vn grand nombre de maisons, auxquelles ie mis les fenestres, portes & boutiques, ayans toutes leur regard deuers la partie exterieure du plan & ruës de la Ville, & aupres d'vn des anglets de ladite place, ie fis le plan d'vn grand portal, sur lequel ie marquay le plan de la maison, ou demeurance du principal Gouuerneur de ladite Ville, à fin que nul n'entrast en ladite place sans le congé du Gouuerneur, & à l'entour de ladite place, ie fis le plan de certains auuens, ou basses galleries, pour tenir l'artillerie à couuert, & fis le plan en telle sorte, que les murailles

les

les du deuant de la gallerie seruiront de defense & de batterie, 60
y ayant plusieurs canonnieres tout au tour, qui auront toutes leur regard au centre de ladite place, à fin que si les ennemis entroyent par mine en ladite place, que tout en vn moment, on eust moyen de les exterminer: quoy fait, ie commençay vn bout de ruë, à l'issue dudit portal, enuironnant le plan des maisons que i'auois marquees, à l'endroit de ladite place, voulant edifier ma Ville en forme & ligne aspirale, & ensuiuant la forme & industrie du pourpre: mais quand i'eu vn peu pensé à mon affaire, i'apperceus que le deuoir du canon, est de iouër par lignes directes, & que si ma Ville estoit totalement edifiee, suiuant la ligne aspirale, que le canon ne pourroit iouër par les ruës: parquoy, ie m'auisay deslors de suiure l'industrie dudit pourpre, seulement en ce qu'il me pouuoit seruir, & ie commençay à marquer le plan de la premiere ruë, pres de la place, en vironnant à l'entour, en forme carree: & ce fait, ie marquay les habitations à l'entour de ladite ruë, ayans toutes le regard, entrees & issues deuers le centre de ladite place: & ainsi, se trouua vne ruë, ayant quatre faces à l'entour du premier rang, qui est à l'entour du milieu, & en vironnant, suiuant la coquille du pourpre: & ce toutesfois, par lignes directes. Ie vins derechef marquer vne ruë à l'entour de la premiere, aussi en vironnant: & apres que ces deux ruës furent pourtraites, auec les maisons necessaires à l'entour, ie commençay à suiure le mesme trait, pour pourtraire la troisieme ruë: mais parce que la place, & les deux ruës d'alentour d'icelle auoyent grandement eslongné le trait, ie trouuay bon, de bailler huit faces à la ~~seconde~~ ruë: & ce, troisième
pour plusieurs raisons. Quand la troisieme ruë fut ainsi pourtraite, auec les maisons requises à l'entour, ie trouuay mon inuention fort bonne & vtile, & vins encore à marquer & pourtraire vne autre ruë semblable à la troisieme, sauoir est, à huit faces, & tousiours en vironnant. Ce fait, ie trouuay que ladite Ville estoit assez spacieuse, & vins à marquer les maisons à l'entour de ladite ruë, ioignant les murailles de la Ville, lesquelles

murailles i'allay pourtraire iointes auec les maisons de la ruë prochaine d'icelles. Lors ayãt ainsi fait mon dessein, il me sembla que ma Ville se moquoit de toutes les autres: parce que toutes les murailles des autres Villes sont inutiles en temps de Paix, & celles que ie fais, seruiront en tout temps, pour habitation à ceux mesmes, qui exerceront plusieurs arts, en gardant ladite Ville. Item, ayant fait mon pourtrait, ie trouuay, que les murailles de toutes les maisons, seruoyent d'autant d'esperons, & de quelque costé, que le canon seust frapper contre ladite Ville, qu'il trouueroit tousiours les murailles par le long: or en la Ville, il n'y aura qu'vne ruë, & vne autre, qui ira tousiours enuironnant, & ce, par lignes directes, d'anglet en anglet, iusques à la place, qui est au milieu de la Ville: & en chacun coin & anglet des faces desdites ruës, y aura vn portal double, & vosté, & au dessus de chacun d'iceux, vne haute batterie, ou plate-forme, tellement qu'aux deux anglets de chacune face, on pourra battre en tout temps de coin en coin à couuert, par le moyen desdits portaux vostez: & ce, sans que les Canonniers puissent aucunement estre offensez. Ayant ainsi fait mon pourtrait, & estant bien asseuré, que mon inuention estoit bonne, ie dis en mon esprit. Ie me puis bien vanter à present, que si le Roy vouloit edifier vne Ville de forteresse en quelque partie de son Royaume, que ie luy donneray vn pourtrait, plan & Modelle d'vne Ville la plus imprenable, qui soit auiourd'huy entre les hommes: c'est à sauoir, en ce qui consiste en l'art de Geometrie & Architecture, exceptez les lieux, que Dieu a fortifiez par nature.

Et premierement, si vne Ville est edifiee iouxte le Modelle & pourtrait que i'ay fait, elle sera imprenable

Par multitude de gens,
Par multitude de coups de canon,
Par feu,
Par mine,
Par eschelles,
Par famine,
Par trahison,
Par sapes,

Expo

AVcuns trouueront estrange l'article de la trahison, mais il est ainsi, que quand les dix ou douze parts de la Ville, & mesme les Gouuerneurs d'icelle auroyent fait complot auec les ennemis, pour liurer la Ville, il n'est en leur puissance de la liurer, pourueu qu'il y ait vne petite partie de la Ville, qui vueille resister, parce que l'ordre des bastimens sera si bien concathené, qu'il faudroit necessairement, que tous les habitans fussent consentans à la trahison, deuant qu'elle peust estre liuree, & la coniuration generale ne se pourroit iamais faire, que le Prince ne fust aduerti.

Item, on s'esbahira de ce que ie dis, qu'elle sera par famine imprenable : ie le dis, parce qu'elle se pourra garder à bien peu de gens, ie dis à bien peu : car quand bien peu de gens auroyent du biscuit pour certaines annees, il n'y aura si furieux Canonniers, ni si subtils ingenieux, qui ne soyent contraints de leuer le siege de deuant vne telle Ville, voire à leur confusion.

Item, on s'estonnera de ce que ie dis, qu'elle seroit imprenable par sapes, mais ie dis d'auantage, que quand les ennemis auroyent sapé, & emporté les fondemens de tout le circuit de la Ville, & qu'ils les eussent iettez aux abysmes de la mer, si est-ce que par tel moyen, les habitans n'auront occasion de s'estonner, parce que les murailles demeureront encore debout comme au parauant. Et quand il aduiendroit, que les ennemis se fussent opiniastrez d'auantage, & qu'ils eussent rué tout à l'entour du circuit des murailles, autant de coups de canons, qu'il pourroit tomber de gouttes d'eau durant les pluyes de quinze iours, & que par tel moyen, ils eussent mis tout le circuit des murailles à petis morceaux comme chapple, c'est à dire, mis les murailles à bas & en friche, si est-ce que pour cela, la Ville ne seroit aucunement perduë, ni les habitans blessez en leurs personnes.

Et qui plus est, quand les ennemis se seroyent encore plus opiniastrez, & qu'ils eussent brisé vne carriere tout à trauers de la Ville, & qu'ils peussent passer & repasser à trauers de ladite

Ville iusques au nombre de quarante de front, trainans auec eux toutes especes d'engins & artillerie, si est-ce qu'ils n'auroyent pas encore gagné la Ville; ce que ie say qui sera trouué fort estrange.

Ie dis aussi, que quand les ennemis auroyent trouué le moyen par vne subtile mine, de sortir en vne place, qui sera au milieu de la Ville, & qu'ils seroyent entrez en ladite Ville, en si grand nombre d'hommes & artillerie, que toute ladite place fust pleine de gens bien armez; si est-ce que par tel moyen, ils n'auront gagné aucune chose, sinon l'accourcissement de leurs iours.

Et quand il aduiendroit, que les ennemis auroyent fait vne telle approche, que par multitude de gens ils eussent fait des montagnes, qui fussent si hautes, que les ennemis peussent auoir veuë iusques au paué des ruës prochaines des murailles, pour ietter boulets & toutes especes d'engins & feux estranges, par tel moyen les habitans ne receuront aucun dommage, sinon seulement la peur, & l'empoisonnement des mauuaises fumees, qui pourroyent estre iettees en la ruë prochaine des murailles, & non ès autres.

Item, l'ordre de la Ville sera edifié d'vne telle subtilité & inuention, que mesme les enfans au dessus de six ans, pourront aider à la defendre le iour des assaux, voire sans desplacer aucun de sa place & demeurance, & sans se mettre en aucun danger de leurs personnes.

Ie say bien, qu'aucuns se voudront moquer, toutesfois, je m'asseure de tout ce qui est dit cy dessus, & suis prest à exposer ma vie, quand ie n'en feray apparoir la verité par Modelle, auquel seront demonstrees les vtilitez & secrets de ladite forteresse, tellement, que par ledit Modelle, vn chacun cognoistra la verité, tout ainsi comme si la Ville estoit edifiee.

Demande.

Tu fais cy dessus vne promesse bien temeraire, de dire que par pourtrait & plan, tu feras aisement entendre, que ce que tu as dit de la Ville de forteresse contient verité. Pourquoy est-ce donc, que tu n'as mis en ce liure le pourtrait & plan de ladite Ville? car par là on eust peu iuger, si ton dire contient verité.

Responce.

Tu as bien mal retenu mon propos : car ie ne t'ay pas dit, que par le plan & pourtrait, on peust iuger le total, mais auec le plan & pourtrait, i'ay adiousté qu'il estoit requis faire vn Modelle, veu qu'il n'y auroit aucune raison, de le faire à mes despens. Ie t'ay assez dit, que la chose meritoit recompense ; parquoy, c'est vne chose iuste, que le labeur dudit Modelle soit payé aux despens de ceux qui le voudront auoir. Or si tu sais quelqu'vn, qui aye vouloir d'auoir vn Modelle de mon inuention, tu me le pourras addresser, ce que i'espere que feras. Et en cest endoit, ie prieray le Seigneur Dieu, te tenir en sa garde.

Avertissement

QVant au reste, si ie cognois, ce mien second liure estre approuvé par gens à ce cognoissans, ie mettray en lumiere le troisieme liure que ie feray cy apres, lequel traittera du Palais & plate-forme de refuge, de diuerses especes de terres, tant des argileuses, que des autres : aussi sera parlé de la Merle, qui sert à fumer les autres terres. Item, sera parlé de la mesure des vaisseaux antiques, aussi des esmails, des feux, des accidens, qui suruienent par le feu, de la maniere de calciner, & sublimer par diuers moyens, dont les fourneaux seront figurez audit liure. Apres que i'auray erigé mes fourneaux Alchimistals, ie prendray la ceruelle de plusieurs qualitez de personnes, pour examiner, & sauoir la cause d'vn si grand nombre de folies, qu'ils ont en la teste, à fin de faire vn troisieme liure, auquel seront contenus les remedes & receptes, pour guerir leurs pernicieuses folies.

FIN.

A MAISTRE BERNARD PALISSY, PIERRE SANXAY, DIT SALVT.

*

PAR tous les siecles passez,
Nature mere des choses,
De ses thresors amassez,
Les portes a tenu closes.

L'homme comme vn ieune enfant
Sans grace & intelligence,
N'a fait geste triomphant,
N'œuure beau par excellence.

Hercules, ou comme on dit,
Les neueux du premier homme,
De dresser ont eu credit
Vne, & vne autre colomne.

La Grece a receu l'honneur
De quelques Cariatides:
L'Egypte, pour la grandeur
De ses hautes Pyramides.

Du sepulchre Carien,
N'est esteinte la memoire:
L'amphitheatre ancien
Couronne Cesar de gloire.

Mais cela n'approche point
Des rustiques Figulines,

Que tant & tant bien à peinct,
Et dextrement imagines.

A chacun œuure il faloit
Mille milliers de personnes:
Mais le plus beau n'esgaloit
Celuy que seul tu façonnes.

Le plus beau a bien esté
Enrichi par eloquence:
Le tien a plus de beauté,
Que la langue d'elegance.

Les anciens, qui nombroyent
Sept merueilles en ce monde,
La tiene veuë, ils diroyent
Que nulle ne la seconde.

Appelles a eu le pris
En bien peindant sur Parrhase,
Parrhase sur Xeuzis:
Ton pinceau le leur surpasse.

Le rocher haut & espais
Ne distille l'eau tant claire,
Que celuy là que tu fais,
Iettra l'eau de sa riuiere,

Vn Architas Tarentin
Fit la colombe volante:
Tu fais en cours argentin
Troupe de poissons nageante.

Les ranes en vn estang,
Ne sont point plus infinies:

Mais

Mais leur coax on n'entend,
Car elles sont seriphies.

Megere au chef tant hydeux
Portoit les serpens nuisantes:
Mais toy non moins hazardeux,
Les fais par tout reluisantes.

Le lizard sur le buisson
N'a point vn plus nayf lustre,
Que les tiens en ta maison
D'œuure nouueau tout illustre.

Les herbes ne sont point mieux
Par les champs & verdes prees,
D'vn esmail plus precieux,
Que les tienes diaprees.

Le froid, l'humide, le chaud,
Fait flestrir tout autre herbage:
Tout ce qui tombe d'en haut,
Le tien de rien n'endommage.

Je me tairay donc, disant,
Que ta meilleure nature,
D'vn thresor riche à present
Nous donne en toy ouuerture.

www.ingramcontent.com/pod-product-compliance
Lightning Source LLC
Chambersburg PA
CBHW072315210326
41519CB00057B/5083
* 9 7 8 2 0 1 2 6 2 1 6 0 2 *